近代精神文化系列

伦理道德史话

A Brief History of Ethical Thoughts in China

马　勇 / 著

社会科学文献出版社
SOCIAL SCIENCES ACADEMIC PRESS (CHINA)

图书在版编目（CIP）数据

伦理道德史话/马勇著. —北京：社会科学文献出版社，2011.10

（中国史话）

ISBN 978-7-5097-2493-4

Ⅰ.①伦… Ⅱ.①马… Ⅲ.①伦理学史-研究-中国 Ⅳ.①B82-092

中国版本图书馆CIP数据核字（2011）第131424号

“十二五”国家重点出版规划项目

中国史话·近代精神文化系列

伦理道德史话

著　　者 / 马　勇

出 版 人 / 谢寿光

出 版 者 / 社会科学文献出版社

地　　址 / 北京市西城区北三环中路甲29号院3号楼华龙大厦

邮政编码 / 100029

责任部门 / 人文科学图书事业部 （010）59367215

电子信箱 / renwen@ssap.cn

责任编辑 / 梁艳玲

责任校对 / 宋荣欣

责任印制 / 岳　阳

总 经 销 / 社会科学文献出版社发行部

（010）59367081　59367089

读者服务 / 读者服务中心（010）59367028

印　　装 / 北京画中画印刷有限公司

开　　本 / 889mm×1194mm　1/32　印张 / 5.5

版　　次 / 2011年10月第1版　　字数 / 100千字

印　　次 / 2011年10月第1次印刷

书　　号 / ISBN 978-7-5097-2493-4

定　　价 / 15.00元

《中国史话》
编辑委员会

总　序

中国是一个有着悠久文化历史的古老国度，从传说中的三皇五帝到中华人民共和国的建立，生活在这片土地上的人们从来都没有停止过探寻、创造的脚步。长沙马王堆出土的轻若烟雾、薄如蝉翼的素纱衣向世人昭示着古人在丝绸纺织、制作方面所达到的高度；敦煌莫高窟近五百个洞窟中的两千多尊彩塑雕像和大量的彩绘壁画又向世人显示了古人在雕塑和绘画方面所取得的成绩；还有青铜器、唐三彩、园林建筑、宫殿建筑，以及书法、诗歌、茶道、中医等物质与非物质文化遗产，它们无不向世人展示了中华五千年文化的灿烂与辉煌，展示了中国这一古老国度的魅力与绚烂。这是一份宝贵的遗产，值得我们每一位炎黄子孙珍视。

历史不会永远眷顾任何一个民族或一个国家，当世界进入近代之时，曾经一千多年雄踞世界发展高峰的古老中国，从巅峰跌落。1840 年鸦片战争的炮声打破了清帝国“天朝上国”的迷梦，从此中国沦为被列强宰割的羔羊。一个个不平等条约的签订，不仅使中国大量的白银外流，更使中国的领土一步步被列强侵占，国库亏空，民不聊生。东方古国曾经拥有的辉煌，也随着西方列强坚船利炮的轰击而烟消云散，中国一步步堕入了半殖民地的深渊。不甘屈服的中国人民也由此开始了救国救民、富国图强的抗争之路。从洋务运动到维新变法，从太平天国到辛亥革命，从五四运动到中国共产党领导的新民主主义革命，中国人民屡败屡战，终于认识到了“只有社会主义才能救中国，只有社会主义才能发展中国”这一道理。中国共产党领导中国人民推倒三座大山，建立了新中国，从此饱受屈辱与蹂躏的中国人民站起来了。古老的中国焕发出新的生机与活力，摆脱了任人宰割与欺侮的历史，屹立于世界民族之林。每一位中华儿女应当了解中华民族数千年的文明史，也应当牢记鸦片战争以来一百多年民族屈辱的历史。

当我们步入全球化大潮的21世纪，信息技术革命迅猛发展，地区之间的交流壁垒被互联网之类的新兴交流工具所打破，世界的多元性展示在世人面前。世界上任何一个区域都不可避免地存在着两种以上文化的交汇与碰撞，但不可否认的是，近些年来，随着市场经济的大潮，西方文化扑面而来，有些人唯西方为时尚，把民族的传统丢在一边。大批年轻人甚至比西方人还热衷于圣诞节、情人节与洋快餐，对我国各民族的重大节日以及中国历史的基本知识却茫然无知，这是中华民族实现复兴大业中的重大忧患。

中国之所以为中国，中华民族之所以历数千年而不分离，根基就在于五千年来一脉相传的中华文明。如果丢弃了千百年来一脉相承的文化，任凭外来文化随意浸染，很难设想13亿中国人到哪里去寻找民族向心力和凝聚力。在推进社会主义现代化、实现民族复兴的伟大事业中，大力弘扬优秀的中华民族文化和民族精神，弘扬中华文化的爱国主义传统和民族自尊意识，在建设中国特色社会主义的进程中，构建具有中国特色的文化价值体系，光大中华民族的优秀传统文化是一件任重而道远的事业。

当前，我国进入了经济体制深刻变革、社会结构深刻变动、利益格局深刻调整、思想观念深刻变化的新的历史时期。面对新的历史任务和来自各方的新挑战，全党和全国人民都需要学习和把握社会主义核心价值体系，进一步形成全社会共同的理想信念和道德规范，打牢全党全国各族人民团结奋斗的思想道德基础，形成全民族奋发向上的精神力量，这是我们建设社会主义和谐社会的思想保证。中国社会科学院作为国家社会科学研究的机构，有责任为此作出贡献。我们在编写出版《中华文明史话》与《百年中国史话》的基础上，组织院内外各研究领域的专家，融合近年来的最新研究，编辑出版大型历史知识系列丛书——《中国史话》，其目的就在于为广大人民群众尤其是青少年提供一套较为完整、准确地介绍中国历史和传统文化的普及类系列丛书，从而使生活在信息时代的人们尤其是青少年能够了解自己祖先的历史，在东西南北文化的交流中由知己到知彼，善于取人之长补己之短，在中国与世界各国愈来愈深的文化交融中，保持自己的本色与特色，将中华民族自强不息、厚德载物的精神永远发扬下去。

《中国史话》系列丛书首批计200种，每种10万字左右，主要从政治、经济、文化、军事、哲学、艺术、科技、饮食、服饰、交通、建筑等各个方面介绍了从古至今数千年来中华文明发展和变迁的历史。这些历史不仅展现了中华五千年文化的辉煌，展现了先民的智慧与创造精神，而且展现了中国人民的不屈与抗争精神。我们衷心地希望这套普及历史知识的丛书对广大人民群众进一步了解中华民族的优秀文化传统，增强民族自尊心和自豪感发挥应有的作用，鼓舞广大人民群众特别是新一代的劳动者和建设者在建设中国特色社会主义的道路上不断阔步前进，为我们祖国美好的未来贡献更大的力量。

陈奎元

2011年4月

目 录

引 言

最近几年，人们在谈到中国的现代化与中国传统文化尤其是儒家伦理之间的关系时，已很少有人再采取民族虚无主义的态度，视传统文化尤其是儒家伦理如废物，如障碍。恰恰相反，由于东亚多数儒家文化圈在现代化尤其是经济上的成功范例，人们更多地强调中国传统文化特别是儒家伦理的现实意义，认为这些东西不仅不可能对现代化的进程构成根本滞碍，而且在某种程度上，正是中国儒家伦理中的人文精神和丰富的智慧资源促进了东亚国家现代化的进程，并使之最终获得成功。于是有学者论证儒家伦理与现代化之间的内在关联，认为儒家伦理虽然在中国历史上可能有过相当的负面作用，但在今天确实是诊治现代化所带来的社会弊病的灵丹妙药，于是乎也就有所谓儒教资本主义的说法。

如果仅仅从思想史的角度来分析，儒家伦理与现代化之间确实没有不可逾越的鸿沟，现代化社会所必具的观念意识不论在原典儒家，还是在后儒们的思想中都曾有过不同程度的闪现和表露。一言以蔽之，原本多元开放的儒家文化完全能够适应现代化的转变，它绝不会因为现代化的到来而使自己显得尴尬和不自在。然而问题在于，如果我们过分强调儒家伦理对现代化的促进作用，那么我们是否会陷入早被马克思主义经典作家所批驳过的“文化决定论”和“思想观念决定论”呢？

事实或许正如马克思和恩格斯所说的那样，“思想、观念、意识的生产最初是直接与人们的物质活动，与人们的物质交往，与现实生活的语言交织在一起的，观念、思维、人们的精神交往在这里还是人们物质关系的直接产物。表现在某一民族的政治、法律、道德、宗教、形而上学等语言中的精神也是这样。人们是自己的观念、思想等的生产者，但这里所说的人们是现实的，从事活动的人们，他们受着自己的生产力的一定发展以及与这种发展相适应的交往（直到它的最遥远的形式）的制约。意识在任何时候都只能是被意识到了的存在，而人们的存在就是他们的实际生活过程”。以此反观包括儒家伦理在内的人类文明与现代化之间的关系，它们之间虽有某种程度的内在关联或因果关系，但说到底，不是前者决定后者，而是后者规定、制约前者的发生与发展。

这样说，当然并不意味着否认观念、意识等文化层面的东西对现实生活的反作用力和文化传统在民族成员心理素质构成方面的作用。事实上，当我们对文化传统与现实生活的关系进行缜密地科学考察时，我们便不难发现传统的力量远远出乎人们的预料，它的作用不论人们愿意还是不愿意，总是那样的巨大，那样的顽强。一个民族的进步与发展，如果离开了这个民族赖以生存的文化背景和智慧资源，那么必然是一件不可思议的事情。

然而，问题的关键还在于，我们究竟基于什么样的立场去反观传统、对待传统？假如我们依然按照旧有的模式将现代化等同于工业化，那么我们便必然地将在传统社会中成长与发展的文化传统视为工业社会的对立物，二者不是风马牛不相及，而在事实上它们可能正是对立的两极，旧有的文化传统一定是工业化的滞碍。

现代化不等于工业化。工业化只是现代化的一个方面。所谓真正的现代化应指人的全面觉醒，全面发展，人的潜力与智能的全面发挥。假如我们基于这样一种理念，那么我们对待传统则必然更多一份同情心和理解力，便不再会把传统视为现代化的滞碍物，而是将之视为可调动、利用的诸多因素中的一种。

已经成功的现代化经验表明，现代化绝不是西方基督教文明的必然产物，基督教文明虽然促进了西方社会的现代化进程，但这一进程并不是唯一的经典模式，也就是说，除了基督教文明之外，人类的其他文明体系照样可以促进该民族的发展、繁荣乃至现代化。因此，中国的现代化道路不必也不可能照搬西方的模式，更没有必要亦步亦趋。我们在规划中国未来发展的蓝图时，一方面应以开阔的胸襟对待和借鉴包括基督教文明在内的一切成功经验，充分利用人类的智慧资源；另一方面，不要先入为主地认定中国旧有的文化传统尤其是儒家伦理只具有负面效应，而无积极意义。换言之，现代化的中国不仅要对外来文化持一种多元开放的观念，而且对自己的古老传统亦应作如是观。

从人类精神尤其是伦理观念发展的一般历程看，它们都是人类一定生存方式在思想上的反映，只是由于精神形态的固有特性，精神的价值与内容往往并不随着社会的发展与变化而呈同步状态。在相当多的情况下，人类每一个新的观念、新的思想的产生与形成，无不与其先前的智慧资源密切相关，甚至有时竟是从旧有的观念中推导和演化出来的。而且，精神的东西一旦形成独立的形态，它也往往会脱离其赖以生存和产生的直接的物质条件，而汇入人类智慧的大海，成为全人类的共同财富。

鉴于此，我们在谈到儒家伦理与现代化的关系时，既要看到儒家伦理是一个不断发展变化的概念，它会随着现代化的进程而不断地充实自己，改造自己，以便使之与现代社会的客观要求相吻合；也要看到儒家伦理是一个多层面的复合体，其中既有仅仅适合于某一特殊历史阶段的内容，也有而且更多的是超越某一特殊历史阶段的特殊要求，具有某种永恒性的价值。正是从这个意义上说，精神遗产特别是道德观念的继承，不是抽象继承和具体扬弃的两分法，而是一个极其繁杂而又具体入微的拣择过程。一方面我们要继承光大我们民族一切好的或者说合乎现代社会要求的积极内容，另一方面我们又要对那些不好的或者说不甚合乎现代社会要求的内容进行适当的拣择与调整，使之完成现代化的转化，从而构成我们民族进一步发展、繁荣以及现代化的动力资源之一。

一　外来冲击与传统中国道德伦理观的回应

就中国文化的发展进程而言，中外文化大规模的接触与冲突先后有两次。前一次是东汉之末由印度佛教文化东来而引发的中印文化冲突，后一次则是明清以来由西方文化的输入而引发的中西文化冲突。前者经过千余年的争论，虽然仍未获得理想的解决，如国人在理性的角度依然很难认同佛教文化就是中国文化的一个当然组成部分。但是经过唐宋明清阶段的发展，儒道释三家虽然尚不能说已相安无事，但至少在内容和形式上或多或少地做到了三教合流，取得了某种基本共识。而后一次则不然。西方文化自从传入中国以后，三百年来一直争论不休，本来似乎比较明了的问题，一旦使用理性去思考，马上又暴露出新的矛盾和新的冲突。格外突出的内容，便是中西文化在伦理价值上的冲突一直没有获得化解。

1　传统中国道德伦理的变迁与定型

中西文化在伦理价值层面的冲突一直不能获得化

解和共识，一个最为基本的原因是中国人自古以来就在伦理价值层面形成了一套完整、缜密而又独特的看法。试想，如果中国文化的历史不是那么长，中国人在伦理价值层面的认识不是那么自以为正确或富有特色，那么中国人不要说在接触西方文明的时候不堪一击，即便在千余年前当印度佛教文化大规模入侵的时候，也必然要做印度佛教文化的俘虏。由此可见，中西文化冲突之所以不能那么容易地化解和平息，唯一的原因是中国文化具有相当的活力和内涵，它不仅以独具特色而闻名于世，而且在一定意义上，它正可与西方文明互相补充。

仅就古代中国的道德价值观念而言，大的变化至少有两次，一次是由中国古代氏族社会向大一统的传统社会过渡，这种变化大约发生于殷周之际，至秦汉时期便基本完成；第二次大约发生于宋明之后，主要的原因今日看来可能还是中国社会生产力的变化，由于宋明之后中国社会内部资本主义的因素开始萌芽，旧有的道德伦理观念价值体系已无法容纳这些新的社会因素，于是有悠久历史传统的中国道德观念价值体系开始解体。而恰当此时，中国又迎来了西方文化，遂使中国道德价值观念的解体一方面加剧进行，另一方面不可避免地出现了紊乱现象。

殷周之前的伦理道德观念主要是满足于当时氏族社会的需要，其基本特征也只是强调氏族社会内部尊尊亲亲的血缘、地缘关系而已。到了殷周之际，中国的社会结构开始发生变化，先是出现明德保民的人本主义思潮，此以西周统治者的思想最为典型；继则因春秋战国的社会大变动，诸子百家应时而起，纷纷提出自己的道德主张和学说。最典型的便是以孔子、孟子、荀子为代表的儒家学说，以墨翟为代表的墨家学说，以老子、庄子为代表的道家学说，以及以商鞅、韩非等人为代表的法家学说。这些学说都不同程度地触及中国人应取的道德观念，他们之间虽然有冲突、有分歧，但由于所处的社会条件的基本一致性，因而其间也不乏相通、相容、相似乃至互补性。

到了秦汉之后则不然。由于政治一统的需要，在意识形态方面至少在西汉中期开始已逐步走上独尊儒术的道路。儒家学说成为中国社会的基本指导思想，这一点几乎到了辛亥革命的时候才有根本性的改变。只是必须指出的是，秦汉之后的儒家学说久已不是先秦孔子、孟子儒学之原本，实际上早已杂糅那些非儒学派的思想内容。至少是儒道长时期的相互补充。

鉴于儒道互补的基本特征和传统中国的社会现实，差不多两千年来的道德伦理观念的基本价值取向便是杂糅百家尤其是儒道，所关怀的主要问题，据张岱年《中国伦理思想研究》的归纳，大致有：

①人性问题，即道德的起源问题。

②道德的最高原则与道德规范问题。

③礼义与衣食的关系问题，即道德与社会经济的关系问题。

④义利、理欲问题，即公利与私利的关系以及道

德理想与物质利益的关系问题。

⑤力命、义命问题，即客观必然性与主观意志自由的问题。

⑥志功问题，即动机与效果问题。

⑦道德在天地间的意义，即伦理学与本体论的关系问题。

⑧修养方法问题，即道德修养及其最高境界的问题。

传统中国的道德观念价值标准至秦汉之后已基本定型，那就是以孔孟之道为基本内容的儒家学说。然而唐宋以后，由于中国社会内部新的生产力因素的萌生，特别是中国民间社会商品经济的发展，儒家的伦理观念事实上已无法包容社会生活中的全部现实和全部内容。于是儒家伦理也面临一个重新塑造的问题。在某种程度上，唐中期开始出现的儒学更新运动，到宋明时期基本定型的新儒家或称新理学、新道学运动，实际上都是面对传统儒家伦理的破坏而作出的必然反应。周敦颐所提出的心性义理即性命道德问题，张载所阐释的民胞物与问题、天地之性与气质之性的问题，二程所提出的天理与人欲的对立问题，以及理学之集大成者朱熹关于心性、天理与人欲、义利与王霸等问题的概括与辩难，从社会思想史的角度来看，实际上都是面对已变化了的社会现实而作出的新的设计和新的对策。可惜，他们的这些设计与对策基本上都过于无视人的自然本性，过于强调以道德的力量来整合社会，凝聚人心，因而在事实上不仅没有获得应有的成功，反而引起一些新的混乱和理论上的冲突。

这种情况差不多持续到晚明。大约在明万历年间，资本主义萌芽后迅速发展，尤其是以东南沿海地带为中心的一些主要地域，资本主义的生产方式已经相当明显和成熟。一是从生产工具看，这时出现的一些作坊已不满足于简单的手工作业，而是大量地采用了机器的生产方式。一是从作坊主与工人的关系看，他们之间已不是中国传统社会那种地主与佃农的关系形式，而是具有近代社会形态的比较典型的雇佣关系，工人可以自由地选择雇主，雇主当然也有权辞退工人；技术高的工人可以要求超过其他工人一倍或数倍的工资，雇主若不同意，工人有权寻求新的雇主。这种关系显然已带有资本主义生产关系的性质。再从产品的市场销售情况看，这些产品主要是用来满足市场的需要，也基本是通过市场的流通环节转到消费者手中。也正是在这样一种情况下，具有资本主义性质的商人也格外活跃，并开始出现具有相当规模的工商业城市，如苏州、杭州、广州、成都、福州、南昌、嘉兴、松江，等等。在这种情况下，江南农村中也开始出现具有资本主义性质的雇佣劳动现象。一种新的社会力量迅速崛起，理所当然地要影响传统中国社会的主流意识形态即儒家伦理道德观的改造、变化与重塑。

此一时期道德伦理观念的变化主要表现在这样几个方面，一是对儒家道德伦理观念的主题即三纲五常观念的突破。君为臣纲、父为子纲、夫为妻纲的三纲观念是中国传统社会小农经济的必然产物，是传统儒家伦理的主要内容，历来被视为神圣不可怀疑的人生教条，人们只能自觉甚或被强制性地遵守和执行，否则便是大逆不道，便是犯了弥天大罪。然而随着资本主义生产方式的出现，人们的生存条件已开始改变，旧的三纲五常观念已成为新的生产力发展的桎梏与束缚，于是出现了大量的批评君主政治、反对夫权和父权绝对化的言论。二是对理欲义利关系的重新定位。当时，一些进步的思想家竭力批评传统儒家重义轻利、重理轻欲的思想传统，并从自然人性的角度，肯定人的自然欲望的合理性与必然性。他们认识到人是天地间至尊至贵的，人是自然界的主人，而不是自然界的奴仆。甚者如明清之际思想家陈确（1604～1677）提出人世间的“百善”皆来源于被儒学道统素来视为邪恶的“欲”，正是这种“欲”才是推动人类社会进步发展的根本动力。这样一来，人的自然欲望不仅是天经地义的，而且是合理的、应该的、必然的。这便在某种程度上肯定了人性恶才是社会发展与进步的基本动力。显然，这与当时生产方式的变革与生产关系的改变密切相关。三是强调个性解放与人格独立，反对以圣人之是非为是非，反对盲从，主张任情而行，由自己把握自己的命运。

 中外文化冲突引发的道德伦理问题

鉴于中国社会内部资本主义因素的成长，如果没

有外国资本主义的入侵，中国似乎也应当缓慢地进入资本主义社会。外国资本主义的入侵，不仅对社会经济起到极其严重的分解作用，破坏了中国自给自足的农业自然经济和手工业经济的基础，促进了城乡资本主义工商业经济的发展。而且，由于这种入侵具有极为野蛮的性质，过于无视几千年文化传统的存在这一客观事实，从而使中国尤其是中国的统治者严重地丢掉了面子，因而中国本可以借助西方文化的成就改造自己的文化形态，然而其结果却是中国一再拒绝外来的影响，一再固守自己的传统。即便在伦理道德观念方面，中国人本可以在明清之际所形成的新思想的基础上继续前进，本可在一种坦然的心情支配下建立与西方资本主义伦理观念相差不大的新形态。然而这些可能，都因为强加于中国的外来势力，而被中国人拒绝接受。

西方对中国的直接影响大约发生于16世纪中期。那时西方资本主义生产方式的发展刺激了西方一些国家竭力寻求海外贸易市场以扩大财源和势力范围。于是在直达远东的新航路开辟出来不久，西方人便来到了远东，来到了中国。

踏着早期殖民者的足迹，西方传教士也蜂拥而至。最先来到中国的是耶稣会传教士。1541年4月7日，耶稣会创办人之一圣方济各·沙勿略从里斯本启程，1549年8月抵达日本。在那里他遇到具有极高文化素养的中国人，从而使他发现中国人具有接受福音真理的资质，相信在中国人中间应该比较容易传播他所持的宗教信仰。于是他发誓无论如何也要设法进入中国，以便开辟中国这一庞大的信仰区域。1552 年 8 月，历尽千难万苦的沙勿略终于来到距离广州仅仅 30 海里的上川岛。然而由于明王朝此时正在实行海禁政策，沙勿略不仅没有及时进入中国本土，而且不久因一场热病而死在那里。

沙勿略没有真正进入中国，但他的努力毫无疑问激励着他的同道撞开中国的大门。大约到了 1582 年，原先居住在澳门的传教士罗明坚等人便得到广东地区行政负责人的批准而进入中国内地，成为第一个进入中国的传教士。

罗明坚在内地传教的时间极为短暂。与他同行的利玛窦才真正称得上第一个进入中国的传教士。利玛窦受过良好的教育，具有相当高的科学素养，因此，他在向中国宣传宗教教义的同时，也向中国人传播了一些西方人的道德伦理观念和科学文明，并以此轻而易举地震慑了中国人。

在与中国人的交往中，利玛窦不能不掌握中国语文，不能不研究中国的古典文明。他在进行这种研究的时候，对孔子以及早期儒学的伦理道德观念表示极为钦佩，认为孔子所开创的道德哲学是世界上其他民族无与伦比的，在一定意义上正可弥补欧洲文化之不足。当然，对于中国伦理道德观念之内在缺欠，利玛窦也有相当足够的认识。他明白指出，由于儒家早期道德哲学主要是着眼于个人、家庭以及整个国家的道德行为，以期使人们在理性的指引下对正当的道德活动加以引导，然而由于中国儒家的早期的道德哲学没有引进逻辑规则的基本概念，因而使中国人在处理伦理学的某些教诫时毫不考虑这一课题各个分支之间的内在联系，结果伦理学这门学科只是中国人在理性的指引下所能达到的一系列混乱的格言和推论，非但没有把事情弄明白，反倒越弄越糊涂。为此，他提出以天主教的伦理概念来改造中国传统的伦理学，以期中国人能够在接受西方文明的前提下重建新的道德伦理规范。

如果能按照利玛窦所确立的这种传教路线继续走下去，可以相信中国人的伦理道德规范用不了多少年必然要发生相当大的改变。然而历史的发展总有意外。当中西文化正在进行交流沟通的时候，中国却发生了明清易代的大事变。满族人入主中原之后，一开始并没有改变明王朝对西学的容忍态度。但是至少到了康熙年间，中西文化之间的关系便开始发生变化。康熙皇帝在与他的那些西方朋友的交往中已开始觉得这些传教士在渐渐地作怪，他们不仅把维系中国人的象征孔夫子给骂了，而且在可以预见的将来，似乎这些传教士总有一天也有可能会动摇清王朝统治的根基。于是康熙皇帝适时推出程朱理学以与西方的宗教相抗衡，并最终宣布禁止天主教在华传教。

清王朝的禁教政策事出有因。从传教士方面来说，他们也确实像康熙皇帝所分析的那样，已经越来越傲慢，这批传教士似乎越来越觉得由利玛窦等早期传教士所开创的与儒家思想充分合作的传教路线可能有问题，至少是过于容忍了中西文化之间本来存在的礼俗差异。于是他们总想改变这种状况，一方面竭力反对天主教的中国化运动，另一方面则宣布禁止中国的天主教徒祭祖祭孔，从而使天主教与中国社会习俗、礼仪制度处于全面对立的境地。这样一来，便逼着清政府只能作出禁教的决定。

清王朝的禁教命令阻止了中西之间的文化交流。但是中西贸易的不平衡终于又促使西方人再叩国门。1793 年，英国使臣马戛尔尼爵士代表英王乔治三世奉命出使中国，觐见乾隆皇帝，希求通过谈判解决中英之间的贸易不平衡问题，并希望中国政府能够同意两国正式建交，同意扩大英国在中国这一具有巨大前景的贸易市场上所占据的份额。

英国政府对马戛尔尼的这次中国之行高度重视，英王乔治三世为此专门给中国皇帝乾隆写了一封信。然而由于这封信是用拉丁文书写，英国政府遂将这封信寄往意大利那不勒斯的一个天主教学校，请他们协助译成中文。谁也没有料到的是，这个学校的宗旨是专门训练意大利及葡萄牙到中国的传教士的。而天主教会恰恰不喜欢英国的这个外交使团的中国之行获得成功，以免助长与它水火不相容的新教的势力。所以那些神甫在将这封信翻译成中文的同时，却又另抄了一份并加上附言先行呈给了清政府，向清政府指出这些英国人居心不良，不可信赖。英国人说世界各地的殖民地广受它的福泽，其实它最大的殖民地美国，却刚刚造反成功而获得了独立。由于有了意大利神甫的这些忠告，因此，清政府在接待马戛尔尼使团的时候，态度便自然趋于冷淡。中国的接待官员一方面以中英之间的礼仪之争拖延英国使团的日程，另一方面由乾隆皇帝明确而傲慢地告诉马戛尔尼，中国物产丰富，不需要外国的东西。英国既无意于向中国称臣朝贡，中国便当然不会同意什么两国建交，更不存在解决什么贸易不平衡问题。

马戛尔尼的中国之行终于以失败而告终。中英之间的贸易不平衡更是无法解决，于是过了不到半个世纪，中英之间不可避免地爆发了大规模的军事冲突，即鸦片战争。

鸦片战争以中国的失败而告终，中国的国门从此被迫打开。中西之间的文化交流终于在强力的支配下再次恢复，中国人的道德伦理观念也正是在这种背景下开始了艰难而又缓慢的变化。

3 传统中国道德伦理观念的回应与重塑

鸦片战争的失败对于中国人尤其是中国知识分子来说，真是奇耻大辱。追究其因，当时的有识之士普遍认为，一是中国的力量、技术不如人，于是由此引发“师夷之长技以制夷”的向西方学习的进步思潮；一是反省中国人尤其是中国知识分子的道德状态，很明显地可以看到由于儒家道德的约束力在减弱，人心惯于奢侈，风俗习于游荡。于是必然的结论便是重整儒家道德观念，并以此作为推动社会进步的精神力量。龚自珍在《平均篇》中强调，人心者，世俗之本也。世俗者，王运之本也。人心亡，则世俗坏；世俗坏，则王运中易。王者欲自为计，盍为人心世俗计矣。显然，这是期望以道德的重整作为挽救社会危机的良方。

道德的沦丧在中国专制政体下已有相当久远的历史。如果不是发生鸦片战争这种战败的事实，人们包括最高统治者对于这种现象也是熟视无睹，见怪不怪。这既是中国政治体制的必然产物，也是人类劣根性的本能反映。因此，宋明以来的理学家无论怎样高扬道德的旗帜，实际上都无法真正解决道德沦丧的这一实际问题，无法真正建立一个高效廉洁的政府。而且，从历史实际运行的状况看，凡当那些道德家高扬道德的旗帜时，便是社会的实际道德水准在明显地低下，政府对社会的实际控制力在明显地减弱。然而问题的关键还在于，鸦片战争的失败毕竟不是一件小事，中国如果不能在这次失败中汲取必要的教训，那么等待它的可能是更大的失败，甚至彻底亡国。

鉴于这种严重性，我们看到在鸦片战争之后，中国确实存在一个道德的重整、重建运动。而且，这个运动几乎从一开始便在价值取向上出现两个相当明显的极端。一是倾向于向旧道德的复归，主张重提儒学尤其是宋明理学家的老调，以天理去遏制人欲，以为中国在鸦片战争中的失败，是中国士人长时期的不顾廉耻，人欲横流的必然结果。因此，中国雪耻、强盛的唯一希望便是中国的知识分子都要知耻，只有知耻而后才能谈到勇，才能谈到重建光荣。换言之，只有使士大夫都有道德责任心，才能使国家不受耻辱，而以强国自立于世界民族之林，重建中华民族的辉煌。

与复归旧的道德观念明显不同的另一种倾向，是主张在重提道德救世的前提下，要充分考虑中国旧有的道德观念的有用与无用、有利与有弊之间的分界。在剔除无用及弊病的道德观念之后再拿来拯救社会，挽救人心。

前一种倾向是当时社会的一般认识，后一种倾向是当时一些进步知识分子的个别看法。尤以龚自珍、魏源等人相当突出。龚自珍在鸦片战争爆发的前一年就已去世，但在那时他已清楚地看到清政府所要面对的问题。他总觉得中国已经到了一个不能不变的历史转折关头，而这种转折理所当然地包括伦理价值方面的变革。为此，他一方面严厉批评程朱理学道德观的无用与乏力，另一方面则竭力提倡具有唯意志论色彩的“自我”与“心力”，期望自我能够冲破权威主义的束缚，“自尊其心”，以个人的道德自觉代替传统儒家道德观中的强力束缚，因而其思想见解具有近代人文主义和民主主义的启蒙因素。他的心力说强调，人才不在于职位之高低，关键要有是非感，要有胸肝。如果这种人身居高位，就能感慨愤激，凭借手中的权力从事改革，除旧图新；如果这种人身居下位，没有权力，也能感慨愤激，凭借强烈的是非感制造舆论，倡导改革。对于宋明理学家着意强调的天理人欲说，龚自珍持相当严厉的反对态度，他认为，人的情感是与生俱来的，人人都有一种真实的、自然的情感，因此，无论如何也不能，事实上也不可能仅仅凭借外来的力量加以铲除，正确的做法应该是，每一个人都要使自己的真实情感得到充分的发挥，使其个性得到充分的施展，从而造就具有不同个性的有用人才。在谈到人性的善恶问题时，龚自珍极不满意传统儒家的先验的人性论，既不承认人性具有先天性的善，也不承认人性具有先天性的恶。他认为，人性的善恶都不是出自天性，而是后天社会环境的产物。无善无恶才是人的本性，这是一个永恒不变的精神本体；可善可恶则是由此本体而发生的作用。因此，龚自珍强调，如果一味地用道德说教和刑罚要求人们去恶从善，其结果只能对“性”所发生的作用产生效果，而并不能改变人的无善无不善的本性。在他看来，任何人在其内心都有一个“我”，都有私心，私不仅是普遍的永恒的，而且这种合理的私心是必要的，是社会进步与发展的基本动力和前提，试想，如果人们都没有私心，那么人类不就等于禽兽的世界吗？正是从这个意义上说，私并不等于恶，公并不等于善。

回应西方文化的侵袭，调整中国传统的道德伦理观念，是龚自珍那个时代思想家的任务。与龚自珍同时期，死于1840年的俞正燮也和龚自珍一样，主要是从中国传统的智慧资源中汲取养料，重塑一种适应时代需求的新的道德观。他的贡献首先在于承认明清以来中国资本主义因素已获得迅速发展的事实，承认商人在现实生活中的地位和作用。在这方面，俞正燮一反中国传统的“四民观”和抑末重本即抑商重农的传统政治路线，以为商人是经济生活中必不可少的一项正当职业，商人的社会地位应同从事其他职业的人相互平等，四民皆为王者之人，如果一定要说商人是四民之末，那么政府就应该循天理而不得因末为利，即不应该从征税中获取经济利益，而是要绝对禁止一切商业活动。显然，俞正燮的这种观念并不是着眼于经济的方面，而是出于一种人文主义的考虑，承认商人活动的合理性与必要性，承认只要是以一种正当的、合法的手段去谋取商业利益，就应该受到社会的认可，其地位就应该受到尊重。在这一点上，俞正燮和龚自珍一样，都充分肯定私心的合理性与必要性，承认人们在追求物质利益的时候，并不必然会造成道德伦理的沦丧。俞正燮在道德观念上的另一个重要贡献是他在近代中国最先注意到应该提高妇女的地位，应该改变女性一味依赖男性的传统状况。这不仅是对中国传统儒家伦理中三纲五常思想观念的挑战，而且实在说来是基于当时社会现实的状况而作出的一种必然选择。在这方面，他坚决反对宋明理学家一味要求女子为男子守节的不平等说法，以为程朱理学所强调的“饿死事小，失节事大”，实在荒唐。如果按照这个原则去执行，那么男子也不应该有再娶的权力，更不要说一夫多妻了。他认为，中国人在婚姻问题上，无论如何都不能再对男女双方实行双重标准，女子是否再婚再嫁完全是她个人的事，应当听凭其自由意志的选择，别人无权干预，更无权单方面地要求女子一定要为死去的男人守寡、守节。对于唐宋以来要求妇女裹足的陋习，俞正燮也持坚决的反对态度，以为这种做法不仅没有审美的丝毫价值，而且实在太不合乎人性、人道的原则。

据此而言，龚自珍与俞正燮的伦理思想虽然不具有近代的意义，但其价值则在于以传统的儒家伦理作为思想资源，重塑传统伦理观念的新形态，以回应西方文化对中国旧有的道德伦理观念的冲击与挑战。

二 重商行为下的价值紊乱

中国原本是一个农业国，商品经济素不发达。尤其是经过西汉之后千余年重农主义的重压，中国人先前所具有的一点点可怜的商品意识早被摧残殆尽，于是只能在这片黄土地上苦苦挣扎，只能长时期地安分于农业生产的耕作方式。如果不是西方势力的东来，不是西方资本主义生产方式的影响，即便中国久已存在资本主义的萌芽因素，也很难设想中国会很快过渡到真正意义上的资本主义形态。因此，从这个意义上说，西方资本主义的影响不是打乱了中国正常的进化秩序，而是刺激了这种进化的早日到来。当然，由于这种刺激过于猛烈和过于有损中华老大帝国的面子，因而又在某种程度上破坏了中国原本可以迟早实现的进程，从而造成近代中国历史的一种非正常形态，即半殖民地半封建的过渡形态。正如毛泽东在《中国革命和中国共产党》一文中所分析的那样："中国封建社会内的商品经济的发展，已经孕育着资本主义的萌芽，如果没有外国资本主义的影响，中国也将缓慢地发展到资本主义社会。外国资本主义的侵入，促进了这种发展。外国资本主义对于中国的社会经济起了很大的分解作用，一方面，破坏了中国自给自足的自然经济的基础，破坏了城市的手工业和农民的家庭手工业；又一方面，则促进了中国城乡商品经济的发展。”最明显的表征是商人地位的提高，重商行为的泛滥，由此也带来了重商行为下的价值紊乱和传统儒家伦理的破坏。

重商行为的崛起

这里所说的重商行为是就主流意识形态而言。因为如果仅从民间行为看，即便在两千年重农主义的重压下，商品经济一直存在，尤其是在两宋之后的几百年里，商人一直是民间社会中一股相当活跃的势力，像所谓徽商、晋商等，都是最明显的证据。只是在那种重农主义主流意识形态氛围中，商人的地位极其低下而已，只能是所谓士农工商的“四民”之末，是一股并不被社会中心阶层看重的“边缘人”，且往往被主流社会视为异己力量。

然而到了近代之后则不然。随着西方势力的东来，中国被迫走上与世界一体化的道路。正如马克思在《中国革命和欧洲革命》中所分析的那样：“清王朝的声威一遇到不列颠的枪炮就扫地以尽，天朝帝国万世长存的迷信受到了致命的打击，野蛮的、闭关自守的、与文明世界隔绝的状态被打破了，开始建立起联系……英国的大炮破坏了中国皇帝的权威，迫使天朝帝国与地上的世界接触。与外界完全隔绝曾是保存旧中国的首要条件，而当这种隔绝状态在英国的努力之下被暴力所打破的时候，接踵而来的必然是解体的过程，正如小心保存在密闭棺木里的木乃伊一接触新鲜空气便必然要解体一样。”故而可以这样说，随着中国近代化的进程，商人的地位必然要有所改变，这是不以社会中心阶层的主观意志为转移的。

商人地位的改变大约从19世纪40年代开始。只是在最初的阶段，这种改变并不明显，且往往使这些商人担当买办、汉奸等恶名。因为正是这些商人极其敏锐地意识到这一点，于是他们在一方面力行商务，坚定走实业救国的道路外，另一方面相当早的注意从理论上证明商业、实业对于中国发展的必要性和重要性。在中国最早一批“开眼看世界”的学者所编著的那些著作中，如《四洲志》、《海国图志》、《瀛环志略》、《海国四说》等书中，大都提到或肯定西方国家“以商贾为本”的经济制度，这对后来的知识分子明确提出“振兴商务”及“商战”的口号起到相当大的启发作用。

第二次鸦片战争失败后，清政府已开始觉得无路可走，在痛下决心之后，终于作出“师夷之长技以制夷”的战略决策，开始以官方的名义兴办洋务事业。到了19世纪70年代，由清政府主持的新式军事工厂已达20余家。尽管其规模、效益都不是很大，但这一事实毕竟从“器物”层面上否定了传统的“天下国家”观，而且也为中国商人投资于新式企业开辟了一条新路，其意义显然是不应低估的。

大约从70年代开始，洋务运动的重心逐步向民用企业倾斜。这些民用企业一般采取“官督商办”或“官商合办”的形式，集股开办，私人投资。也正是在这种氛围下，纯粹的商办的私人资本工业也开始兴起。不到数年就已出现一批巨商大贾，有的甚至已与世界市场建立了相当密切的联系。

商人资本的出现，是近代中国的重大事件，它的意义是为中国的未来变化准备了一个新的阶级，也为此后的伦理观念变革准备了基础、提供了条件。一个最明显的变化是，此时的中国人已开始放弃传统的重本轻末思想，而逐渐认同重商的意识。大约在19世纪70年代初，近代思想家王韬、薛福成等人就提出了以商为本的思想，认为大清王朝能否真正摆脱困境，重振雄风，在世界民族之林中拥有一席之地，关键在于清政府能否改变传统的重本抑末政策，而认同商富即国富的主张。郑观应甚至提出商人为四民之首，实际掌握了四民之纲领。他说，知识分子没有商人的支持则格致之学不宏；农民如果离开了商人的支持则种植作物的种类不可能很广；至于工业如果离开了商人在流通领域中的作用则其产品便不能进入市场，更无法流入千家万户，于是必然的结论便是商人是社会生活的中心，离开了商人的活动，社会生活的正常运转便要受到影响。如果清政府承认了这种主张，那么随之而来的当然是承认商人的社会地位，承认商人逐利求富的合理性与合法性，承认传统儒家伦理如不经过适当的改变便无法再适应现实生活。

儒家伦理的破坏

随着商人资本的出现，重商主义的崛起，人们的观念也开始变化，最为典型的问题是儒家伦理开始受到质疑和破坏。

在传统的儒家伦理中，商人实际上属于“贱民”阶层，一般不被社会主流阶层所瞧得起，社会主流阶级既不愿和他们交往，更不会与他们联姻。在那时，如果有人胆敢破坏这种成例，便不容于家族乡里，自然受到社会的嘲弄。然而随着商人资本的出现，商人的这种原有地位也在悄悄地改变，在儒家伦理支配下的中国人旧有的道德婚姻观念也在发生变化。一些社会主流阶层的官宦人家为了经济上的利益，已开始放弃原有的观念，乐于与那些商贾，甚至那些买办人家联姻。这势必破坏儒家伦理中的社会等级秩序。

对儒家伦理等级秩序的破坏还不止婚姻这一项。在服饰方面，按照比较保守的传统儒家伦理的要求也体现一定的身份和等级。但是，商人资本的崛起，他们凭借着雄厚的经济实力可以无视原有的那些规定与限制，任意而为。以至在上海洋场就出现了有人随便穿着和使用那些原本只有达官贵人才能穿用的红风兜、青缎褂、蓝呢轿、朱轮车等现象。

儒家伦理遭到破坏的另一个表现是拜金主义的盛

行，金钱在人们心目中的地位明显上升，人们乐于以金钱的多寡作为交友的标准，逢人不问出身，不问故旧，一以衣貌取人。

儒家伦理的破坏还表现在社会风气的败坏方面，那时的人们竞相追求奢华，刻意炫耀财富，尤其是在一些商业高度发达的地区，这种风气格外兴盛。据当时的报纸刊载，上海的一些人家不分贵贱，出必乘车。有的人家甚至家中无米为炊，但为了排场，为了面子，只要出门也必须乘坐能够体现一定身份的豪华轿子，一入酒家，争食燕窝鱼翅等，徒慕贵重之虚名而不求饮食之真味，以斗富体现自己的价值和身份，典型的暴发户的心态。他们对饮食的要求与期望，不以口食，更不是为了饱腹，而是专以耳食、目食，是死要面子活受罪。显然，这都是对儒家伦理的严重破坏。

如果一定要说近代资本主义的崛起使儒家伦理受到了严重的破坏，恐怕其新的义利观的出现，并逐渐成为社会伦理的主导思想则是真正的破坏或曰改造。按照传统的儒家伦理，中国人尤其是中国知识分子最耻于言利，只要一涉及金钱或物质利益，所谓的正人君子便退避三舍，否则便有可能视为一种耻辱。然而到了近代，随着资本主义商业经济的发展，人们的观念也在发生极大的变化。起先人们为了与西方殖民主义者争权益而开始修正儒家伦理中耻于言利的做法，继则将这种改造后的义利观运用于一般社会生活，充分肯定社会各行各业的人们追逐物质利益的正当性和合法性。人们的这种追逐只要不是以损人为手段，只要不是见利忘义、唯利是图，就应该承认他们的这些行为并没有违反社会的道德伦理规范，并没有对他人构成侵害。左宗棠就曾在《名利说》中指出，人们只要是以“财”和“力”作为追逐利益的手段，其结果对别人有益而无害，或无益但也没有害，这都是应该允许的。显然，这是对儒家伦理的一个重要修正。

近代中国资本主义的兴起是对儒家伦理观念的巨大挑战和破坏，而几乎与此同时发生的太平天国运动，则是以“革命”的手段和“革命”的名义对儒家伦理进行“武器的批判”，从而使儒家伦理受到一次致命的打击。

太平天国是明末清初战乱结束之后规模最大的一次战争，也是中国历史上少有的一次大规模战争，它前后历时十余年，遍及南半个中国，既给中国的社会经济以极为严重的破坏，也对儒家伦理进行了一次相当彻底的扫荡。

我们之所以说太平天国对儒家伦理构成极为严重的破坏，主要的原因在于太平天国的领袖们几乎从一开始就自觉地运用西方原始基督教人人平等的理论动员群众，反对清政府，提出了一个以人人平等、平均为内容的伦理思想体系，对儒家伦理持一种极为严厉的抨击和排斥态度。

早在 1843 年，太平天国的领袖洪秀全创办拜上帝会之后不久，就曾到私塾里动手砸碎孔子的牌位。这个举动当然不是从实质上否定并抛弃儒家学说，而是出于对独一无二的真神上帝的排他性的崇拜，出于对儒家提倡的君臣、父子、夫妇等区别尊卑贵贱的严格等级制度的朴素的反抗心理。在1848年初刻本《太平天日》一书中，洪秀全更编造了一个上帝鞭挞孔子的神话故事，其意图就是要告诉人们，他试图使用经过改造的西方基督教义去批评、改造乃至替代中国传统的儒家伦理。他的目的不仅要颠覆正在进行政治统治的清王朝，而且要颠覆自古以来的迷信、礼法和信仰体系，以便建立一个“文化更新”的新世界。他在建都南京之后，采取更加激烈地排斥儒家伦理学说的态度，发动了一场“敢将孔孟横称妖，经史文章尽日烧”的运动，宣称“凡一切妖书如有敢念诵教习者，一概皆斩”；“凡一切孔孟诸子百家妖书邪说者，尽行焚除。皆不准买卖收藏读者也，否则问罪也”。

3 人心不古？

鸦片战争之后向西方学习的主张虽然带有浓厚的功利色彩，但实在说来确实是中国人在鸦片战争之后的最重要的觉悟。如果中国沿着这条道路持续性地走下去，中国文化也势必要改变方向和结构。然而，在鸦片战争结束不久，太平天国运动又在南中国的广泛的范围里爆发了，紧接着又有捻军和回族、苗族的起义。在北方有英法联军之难。中国一时间陷入内外交困的状态之中。到处风声鹤唳，伤心惨目。政治上、生计上所发生的变动不必说了，学术上也受到非常坏的影响。因为当时的文化中心在江苏、安徽和浙江。而这三省由于处于战争的中心，因而受害最深。公私藏书，荡然无存。未刻的著述稿本，散亡的更不少。许多耆宿学者，遭难凋落。后辈在教育年龄，也多半失学。所谓“乾嘉诸老的风流文采”，到此时只成为“望古遥集”资料。考证学本已在落潮的时代，到这时更是不堪一问了。

商人资本的崛起，重商主义的抬头，对几千年的儒家伦理构成极大的冲击；而太平天国十几年的破坏与影响也在客观上使儒家伦理的继续推行遭遇到很大困难。因此，在19世纪中期之后的一段时间里，有关中国人人心不古、士风日下、道德沦丧的说法便不绝于耳。曾国藩在那篇著名的《讨粤匪檄》中对太平天国指责到，中国几千年来的礼教人伦、诗书典制，皆因太平天国农民革命的冲击而毁于一旦，这可以说是天地开辟以来名教之奇变。也正是基于这种判断，曾国藩号召人们起来“卫道”，镇压太平天国革命，重建中国社会的伦常秩序。

在太平天国事件之后，思想界尤其是儒家学术界提出一条新思路，即宋学之复兴。并期望以此拯救人心，整合社会，重建社会新秩序。这一思路的主要倡导者是湘军将领罗泽南和曾国藩。他们在平息太平天国的过程中，深切感到乾嘉以来的汉学不仅门户极深，而且支离破碎，实已引起人心的厌倦。因而他们独以宋学相砥砺，倡导以宋学拯救人心。从此之后，学术界只重汉学而轻理学的观念为之一变。对汉学的评价逐步低落，反汉学的思想，也在酝酿之中。

作为湘军的重要将领，罗泽南和曾国藩当然都不是专业哲学家或思想家。但是出于最为现实的考虑，他们确实是晚清思想界最先提倡理学，并以理学思想统领湘军，以儒学传统与太平天国的思想相抗衡的少数几个人。罗泽南出身下层，自幼刻苦读书，所著皆言性理，忧道不忧贫。在参与湘军之前，假馆四方，穷年汲汲，与其徒讲求宋儒张载、二程、周敦颐及朱熹之学术，并自称服膺王夫之的学说。他在参与湘军事务后，也竭力主张以儒家的精神治军。究心性理之事，通知世务，期见诸实行。曾国藩曾称其“矫矫学徒，相从征讨。朝出鏖兵，暮归讲道。理学家门，下多将才。古罕有也”。前后克城 20 余，大小 200 余战。其临阵以坚忍性，如其为学，有人问制敌之道，他说：“无他，《大学》‘知止’数语尽之矣；《左氏》‘再衰三竭’之言，其注脚也。”著有《西铭讲义》、《读孟子札记》、《人极衍义》、《姚江学辨》等。

至于曾国藩，不仅是湘军的重要首领、晚清政局中的重要政治家，而且在晚清学界也有相当重要的影响，是儒学转折及儒家伦理价值体系重建过程中最值得重视的一位思想家。作为翰林出身，位兼将相，曾国藩对在此之前不被学界重视的宋明理学格外看重，极为熟悉，相当推崇。他以为，在当时没有新的思想取代儒学和理学的条件下，儒学和理学所面临的困难只能通过改革与重建来解决。他提出，为学之术有四，即义理、考据、辞章和经济。他在推崇宋明理学的同时，反对空谈心性，反对汉学与宋学的直接对立，而主张汉宋结合，道德修养与经世致用相结合，并在此基础上重建新的儒学伦理思想体系，以满足时代对理论的需求。故而他的思想特点，一是调和汉宋，博采众长。对儒学内部的各种流派，都尽可能地兼收并蓄。于汉宋之别，曾氏主张一宗宋儒而不废汉学，达到通汉宋两家之结，而息顿渐诸说之争。于宋明理学中的程朱理学与陆王心学，他也以为各有所长，不可偏废。程朱之学虽正，而陆王之学也是江河不废之流。于儒学与其他学派之间的分歧，他也依然主张不必偏废，在推崇儒学的同时，又格外推崇庄周，盛赞其才，许为圣哲。二是他在吸收诸家学说的基础上，重建一新的儒学思想体系，这个体系的最大特点就是经世致用。

由于第二个特点，曾国藩便不是一个纯粹的思想家或学者，而是传统儒家素来所推崇的那种立德、立功、立言相结合的经世致用之才。他所参与兴办的洋务，他所介入而成就的同治中兴，都表现了他的这一思想特点。也就是说，他对包括儒家思想在内的全部传统文化的继承，都不是为了单纯的学术目的，而是为了回应时代的挑战，为了经世致用的目的。鉴于此，他当然不能把儒学看成是一成不变的凝固体系，当然要吸收早期儒学根本不可能知道的一些东西。只有这样，儒学才能满足社会的理论需求，也才能在晚清的大变局中继续发挥作用。

经世致用是曾国藩思想的一个重要特点，然而他在强调经世致用的同时，也格外重视人心的修养，素来主张为政与修身的统一。他认为，经世致用、船坚炮利等固然重要，但一个社会更重要的则是树立正确的道德标准，培养一批有德之士，一定要把个人以全部才能献身于维护“伦纪”的行动看做比处理实际事务的知识更重要，而这种献身行动只有通过立志和居敬，通过践履程朱理学的修身之道才能做到。他说：“苟通义理之学，而经济该乎其中矣。”也正在这一点上，他和儒家经典《大学》中的“身修而后家齐，家齐而后国治”，“自天子以至于庶人，壹是皆以修身为本”的思想原则相一致。将修身作为一切事功的前提条件和安身立命的基础，时常以勤廉谦三字自惕自省。这样，他不仅成就了一番盛事伟业，而且在人格上也确实达到了早期儒者以及宋明儒者所期望达到的圣贤境界或天地境界，真正做到了立德、立功与立言的高度统一。

三　重建中国价值体系

毫无疑问，曾国藩是太平天国的对立面，是双手沾满人民鲜血的“刽子手”。然而从科学的历史学角度看，曾国藩等“同治中兴”大臣不可能断然抛弃清政府而站在太平天国和人民的一边。他们的历史责任是挽狂澜于既倒，在错综复杂的国内外矛盾中为当时中国政权寻求一条新的出路，以期引导中国走上现代化之路。

1　名教与西方近代观念的冲突

在当时，要突破旧有藩篱，引导中国前进，就必须破除传统观念中的“夷夏”界限，既尊重中国旧有的文化传统的价值，又能充分吸收全人类的文化遗产和科学创造，使古老的中国文化在新的历史条件下注入新的生机，焕发新的青春。就此而论，曾国藩算不上顽固的守旧派，因为他既看到传统文化特别是儒家精神是中国人安身立命之所，又看到西方科学技术也是中国进一步发展所必须倚重的东西，而不应盲目地排斥，相反，应当努力学习和掌握。

对魏源"师夷之长技以制夷"的主张，曾国藩认为不应作急功近利的理解。否则，虽可使中国得纾一时之忧，有利于中国最直接、最近期的利益，但以长远的观点看，中国欲富强，必须学习外国的科学技术，兴办近代工业，只有中国自己的工业基础获得充分的发展，才能彻底摆脱外来势力的压迫，自立于世界民族之林，可期"永远之利"。正是基于这种"永远之利"的思考，曾国藩才领衔奏表，促使清政府派遣第一批留学生出洋深造，并鼓励中国科学家借鉴外国技术，依靠中国人自己的力量发展近代工业。

和曾国藩一样，李鸿章也能以比较正常的心态看待西方的科学技术与文明，比较正确地对待中国固有文化的价值。他认为，中国传统文化的基础和中国知识分子的聪明才智，足以使中国产生和西方近代科技文明相媲美的科学创造，只是由于旧有的传统文化偏见和体制方面的原因，严重挫伤了中国知识分子的积极性，扼杀了他们的创造灵性，遂使中国士大夫沉溺于章句八股之积习，以至所用非所学，所学非所用。无事则嗤外国之利器为奇技淫巧，以为不必学；有事则惊外国之利器为变怪神奇，以为不能学。再加上中国旧有的教育体制将明理与制器分为二事，重明理，轻制器，不尊重发明与创造，而着重在人的道德意识的训练上，结果儒者明其理，匠人习其事，造诣两不相谋，故功效不能相并。艺之精者，充其量不过为匠目而止。由此，李鸿章强调，中国的富强虽以学习西方的科学技术，发展近代工业为出发点，但最终必须改变中国传统文化观念，造成尊重科学，尊重技术，尊重人才的文化环境才能实现。要像西方国家那样，对发明创造有贡献的人，举国崇敬之，而不以曲艺相待。能造一器为国家谋利者，以为显官，世袭其职。这就由学习西方科学技术而引发出反思、改造中国传统文化，尤其是传统价值观念的问题。

以西方文化作参照改造中国文化，原本是一个复杂的问题，但是经过魏源、曾国藩、李鸿章等人的鼓吹，至少到了19世纪60年代的中晚期已不是不可议论的什么大问题。那时的知识分子差不多都在思考中国文化的前途，都在想怎样才能以西方文化之长补中国文化之短，重建中国文化的新体系。显然，这势必牵涉儒学的前途和命运问题。冯桂芬指出，中国在许多方面不如西方是本然的事实，要改变这种事实只能反求诸己，或“道在反求”上。他建议从改革传统的教育制度入手，改变过去以八股文体为科举的唯一内容。八股时文禁锢士人之心思才力，不能复为读书稽古有用之学，意在败坏天下之人才，非欲造就天下之人才。急需取消，而保留科举的形式，以经学、策论、古学等有用之学为取士的标准。同时，在科举正途之外，注意选拔有真才实学特别是学习外国科学技术卓有成效的人参与政权，个别出“夷制”之上者，给予进士，一体殿试。这样，中国便有可能在较短的时间里赶上西方发达国家。

不难看出，冯桂芬虽然看到了中国文化的危机，注意到应向西方学习，但他所强调的学习内容依然局限在坚船利炮等技术层面，“有待于夷者独船坚炮利一事耳”。而对于西方的政治理论、文化思潮、伦理观念，冯桂芬和他同时代的绝大多数中国人一样，仍采取一种不屑一顾的态度，依然忘情于中国传统文化精神道德价值体系，并明确提出“以中国之伦常名教为原本，辅以诸国富强之术”，作为改造中国传统文化、向西方学习的原则。这几乎在语言的表达上都与后来张之洞提出的“中学为体，西学为用”的口号极为相似。因此，张之洞在《劝学篇》中把冯桂芬引为同调。从这个意义上说，冯桂芬不仅播下了19世纪后半叶中国维新思潮的种子，也开启了19世纪后半叶乃至20世纪上半叶中国文化保守主义之先河。

在当时抱有这种愿望的并非冯桂芬一人，可以说当时主张向西方学习的所有先进知识分子都难以忘怀中国文化和儒家思想，都试图将中西文化进行沟通和融合，只是程度深浅不同而已。较为激进的郑观应曾无情地抨击抵制西学的顽固派为自命清流、自居正人。他主张中国必须向西方学习科学技术，广译西书，广设书院，富国强兵，注重兵战，更注重商战，甚至建议像英国、日本等君主立宪政体一样建立议院制度，以沟通民情。这不是对中国社会制度进行小修小补的改革，而是近代资产阶级要求参政的政治意识和民权意识。显然较龚自珍、林则徐、魏源、曾国藩、李鸿章、冯桂芬等人仅从科技层面学习西方具有更为深刻的文化意义，是试图从政治制度层面对西方的侵略进行积极的回应。

然而遗憾的是，当我们回过头来再看郑观应对中国传统文化和儒学的基本态度，我们又不难感到他和冯桂芬一样对传统文化表现出恋恋不舍之情。他不满意洋务派只知学习外国的科学技术，将体用分为两截，认为西方国家也有自己的体与用，科学技术等只不过是用，而论证于议院，君民一体的君主立宪政体才是他们的体。他朦胧地意识到，中国要获得真正的进步，必须解决体的问题。而问题也恰好出在这里。郑观应强调建立议院制度，以为能够解决体用两截的问题，但在观念形态上，在涉及中国传统文化与西方近代文化的冲突问题时，他总希望回到"圣之经"上。他强调中学其体也，西学其末也，依然以儒学作为解决中国问题的根本方案。

在当时持这种态度并不是个别现象，如近代思想家王韬、马建忠、薛福成、陈炽、何启、胡礼垣等莫不如此。他们一方面迫切感到中国必须学习西方，另一方面，又深切地感到"中国之病，固在不能更新，尤在不能守旧"。因此，他们提出的中国改革发展方案是"宜考旧，勿厌旧；宜知新，勿骛新"，在新旧之间寻求平衡。他们几乎一致否认西方资产阶级社会的政治思想、道德伦理观念移植到中国的任何可能性，几乎无保留地拥护和期待由儒家思想特别是纲常名教作为中国社会转型期的指导思想。王韬说："可变者器，不可变者道"；"盖万世而不变者，孔子之道也"。他们坚信，中国在科学技术上或许不及西方，但中国的道德、学问、文章、制度等，则远超西方。陈炽甚至宣称："他日我孔子之教，将大行于西，而西人之所以终底灭亡者，端兆于此。"故而他们对中西文化的基本态度可以用薛福成的一句话来概括，那就是"取西人器数之学，以卫吾尧舜禹汤文武周孔之道，俾西人不敢蔑视中华"，即"中体西用"。

中体西用是那个时代文化精英们的普遍思考，然而对这一命题进行比较系统的阐述和发挥的还是张之洞。他在肯定中国必须向西方学习的前提下，更充分肯定中国传统文化在现代化过程中的作用，强调只有在树立健全的民族自信心的基础上才能有效地吸收外来文化。他说："中国学术精微，纲常名教以及经世大法无不具备，但取西人制造之长补我不逮足矣。""立学宗旨无论何种学堂均以忠孝为本，以中国经史之学为基，俾学生心术一归于纯正，而后以西学瀹其知识，练其技能"；"今欲强中国存中学，则不得不讲西学。然不先以中学固其根柢，端其识趣，则强者为乱首，弱者为人奴，其祸更然于不通西学者矣。"坚持以儒家伦理、传统中国的文化精神为主体，合理吸收外来文化，重新建构中国人的价值新体系。这就是中学为体、西学为用的确切含义。

2 对名教的重新诠释

应该说，中体西用的思路是19世纪下半叶中国发展的方向。正是在这一思想的指引下，中国在19世纪

60年代之后不到30年的时间里获得了长足的发展，此即洋务运动时期。洋务运动确实增强了中国的综合国力，使中国因鸦片战争而丧失的元气基本获得恢复。

然而到了80年代，中国的外部环境发生了微妙的变化。外国资本主义不满足于两次鸦片战争所获得的已有好处，试图再次依靠军事力量进入中国内地，将整个中国纳入它们的世界市场体系。为此目的，外国势力不断在中国边境蚕食，北有沙俄，南有法国，西有英国，东面则是日本、美国对"台湾"和朝鲜的骚扰，并最终导致了80年代中期的中法战争和90年代早期的中日战争。而恰恰这两次战争又都以中国的失败而告终，这便自然引起人们对洋务运动能解决中国问题，中体西用的思路能给中国带来繁荣与富强的根本怀疑。于是有了康有为托古改制的新建议和新思路。

康有为与龚自珍、魏源一样，也是常州学派经学出身，而以经世致用为标志。他早年酷好《周礼》，尝著《政学通议》，后见廖平所著书，乃尽弃其旧学而学之，遂成为晚清今文经学的集大成者。

四川学者廖平是当时今文学大家王闿运的弟子。他毕生致力于经学尤其是《公羊春秋》学的研究，前后期的思想变化也很大。他最初认为，今文经学与古文经学的重要区别在于礼制不同，今文经学的礼制祖《王制》，古文经学的礼制宗《周礼》。此即其思想之第一变。稍后他认为，今文经学为孔学之真，所谓古文经学基本是刘歆所伪。因此，他竭力攻击王莽、刘歆的古文经学，以为古文经学与西汉正统的今文经学“天涯海角，不可同日而语”。又鼓吹孔子受命改制，为“素王”。凡此，都表现出他鲜明的今文经学家的观点，对与其同时的康有为产生了相当大的影响。

受家学传统的影响，康有为较早接受了理学的启蒙教育，成童之时，便有志于圣贤之学。青年时代，师从著名学者朱次琦，对陆王心学产生浓厚的兴趣，逐渐厌弃在故纸堆中讨生活而“究复何用”的考据之学。然而随后不久，他对陆王心学也开始厌弃，以为理学空疏，无济于事；心学空想，无补于世；汉学琐碎，无用于世，于是开始专究佛道之书。1879 年，他因一个偶然的机会到香港旅游，一个与自己生活在其中且厌倦的旧世界全然不同的新天地，给他以前所未有的心灵震荡，于是他有意开始访求西学之书。自是大讲西学，始尽释故见。1888 年，他第一次上书光绪皇帝，力陈中国处境危险的真相，建议皇上取法泰西，实行改革，提出“变成法，通下情，慎左右”的三点建议。

康有为的这次上书因九门深远，格不得达。他在心灰意冷之后，决定回广东通过讲学培养人才、凝聚力量，创造与完善关于变法图强的理论体系，然后再谋发展。当此时，他因人介绍于 1889 年冬在广州与廖平相识，“两心相协，谈论移晷”，于是康有为尽弃其学而学焉，决定利用今文经学的特点来对传统文化进行新的阐释，以创建和完善他关于变法图强的理论体系。1891 年，他循弟子之请，在广州长兴里设万木草堂开始讲学，讲学内容主要是中国数千年来学术源流，历史政治沿革得失，取万国以比例推断之，以救中国之法。同年，他在弟子的协助下，刊行《新学伪经考》，之后又作《孔子改制考》，通过对中国文化传统的重新阐释，创造性地建立了变法维新的理论体系。

在《新学伪经考》中，康有为抨击清代正统学派——乾嘉诸老的汉学——所依据的儒家经典并不可靠，以釜底抽薪的手法否定正统学说的权威。他祖述廖平的学说又有新的发展，以为西汉并无所谓古文经学，东汉以来的所谓古文经学，皆是刘歆为了王莽"新朝"改制而伪造的，与儒家之祖孔子并无干涉，故名之曰"新学伪经"。这就通过并不太复杂的历史考证方法，打掉了正统学派所尊奉的古文经典的神圣灵光，而断定这些古文经书只是"记事之书"，淹没了孔子作经以托古改制的原意，孔子之道遂亡矣。在康有为的笔下，孔子俨然成为代天行道的教主。

在《孔子改制考》中，康有为通过对今文学经典的研究，断定《春秋》为孔子改制创作之书，正面阐发被古文经学所淹没的孔子托古改制的微言大义。他指出，孔子以前的历史，是茫然无稽的，孔子创立儒教和当时诸子百家一样，都试图通过托古的方式重建自己理想中的社会。他说："六经中之尧舜文武，皆孔子民主君主之所寄托，所谓尽君道，尽臣道，事君治民，止孝止慈，以为轨则，不必其为尧舜文武之事实也"；"六经中先王之行事，皆孔子托之以明其改作之义。"这就轻而易举地将孔子作为自己变法维新的王牌。

康有为在对儒家经典进行现代解释的同时，也借鉴西方近代的伦理观念对儒家经典中所蕴含的道德伦理进行新的发挥，在近代中国伦理思想的转化过程中起过相当重要的作用。他认为，早期儒家伦理并不主张压制个性、遏制人性，早期儒家所反对的只是那种损人利己的绝对自由观念，主张在不损人的情况下可以使个性自由伸展。比如他在《论语注》中对子贡所说“我不欲人之加诸我也，吾亦不欲加诸人”进行注释时，便明显地借用了西方自由平等的观念。他说，“子贡不欲人之加诸我，自立自由也；无加诸人，不侵犯人之自立自由也。人为天之生，人人直隶于天，人人自立自由。不能自立，为人所加，是六极之弱而无刚德，天演听之，人理则不可也。人各有界，若侵犯人之界，是压人之自立自由。悖天定之公理，尤不可也。子贡尚闻天道自立自由之学，以定人道之公理，急欲推行于天下。”并由此明确指出，近者，世近升平，自由之义渐明，实子贡为之祖，而皆孔学之一支一体也。但是后期儒家出于最现实的考虑，竭力发挥早期儒家思想中的弱点，从而使儒家伦理带有浓厚的僵化色彩，成为束缚人们言论与行动的枷锁。显然，这是以西方的自立自由之义重新诠释儒家伦理观念，以为其政治变法寻求理论上的支援。

再如“平等”这一政治伦理范畴，康有为也从早期儒家的言论中寻求到理论上的根据，以为早期儒家的根本用意并非主张人的不平等，而是主张人人生而平等。像孔子所说的“性相近，习相远”，实际上所要表达的就是这个意思。他在《长兴学记》中说，“夫相近则平等之谓，故有性无学，人人相等，同是食味别声被色，无所谓小人，无所谓大人也。”他在《大同书》中更明白地说，“自孔子创平等之义，明一统以去封建，讥世卿以去世官，授田制产以去奴隶，作《春秋》、立宪法以去君权，不自尊其徒属而去大僧。于是中国之俗，阶级尽扫，人人皆为平民，人人皆可以由白屋而为王侯、师相、师儒，人人皆可奋志青云，发扬蹈厉，无阶级之害。此孔子非常之大功也。”也就是说，康有为为了使中国的变法事业少遇到一些阻力，竭力将孔子塑造成一个极其开明的圣人，一个具有浓厚现代意识的人。

康有为试图通过对文化传统的重新解释，寻求变法维新的历史依据。他在貌似不谈政治的掩护下，借助学理的研究开通了政治变革的道路。诚如梁启超对其师所分析的那样，康有为的这两部著作不乏武断、强辩之处，以好博好异之故，往往不惜抹杀证据或曲解证据，其对客观的事实，或竟蔑视，或必欲强之以从我，以证明自己的观点。就学术研究本身来说，康氏的著作有多少价值确实令人怀疑，它使本来已经相当混乱的今古文学问题更加混乱不堪。但是就学术研究所产生的政治影响来说，康氏抽空了正统学派的学术根基，启发学者务必持一种怀疑态度，一切古书皆需重新检查估价，这无疑是对已沸腾的晚清学术界的油锅里撒了一把盐，引起各方广泛注目，此实思想界一大飓风也。

儒家伦理的改造与复兴

近代中国知识精英提出并论证的中体西用的口号，足以表明中国传统文化实际上已处于破裂的氛围，并表明他们实际上已部分地认可西方文化，承认西方文化有足以弥补中国文化的价值与作用。但又对中国传统文化就此失败而退出阵来不胜悲哀，希望能在新的形势下使传统文化起死复生。在这个意义上说，中体西用的口号既是中国传统文化的一曲挽歌，又是 19 世纪下半叶中国人对中国伦理精神的重新建构和重新解释。

中体西用这一口号的广泛传播和普遍认可，得力于张之洞的系统阐述和发挥。作为清末洋务、维新兼而有之而又都不彻底的张之洞，无论在理论上，还是在实践上，都不可能坚决反对中国变法图强，他认为，中国确实到了不变不可的地步，即便孔孟复生，也不会指责变法图强是一种错误之举。他承认向西方学习是一股不可阻挡的进步潮流，并为此提出一系列向西方学习的废科举、改学制、开矿藏、修铁路、讲究农工商学、发展近代工业的计划和主张，并身体力行，作出许多颇有实效的贡献。他在《增设洋务五学片》中说，近来万国辐辏，风气日开，其溺于西人之说，喜新攻异者，固当深诫。然而其确实有用者，也不能不旁收博采，以济时艰。即强调从实用、从现实需要出发吸收西方有益于中国发展的东西，这其中包括西方的矿学、化学、电学、植物学和公法学五个方面，以为这些内容皆足以资自强而有助于交涉。平心而论，张之洞的这些主张已较早期改良派和洋务派仅仅停留在器物或技术层面学习西方显然前进了一大步。

既要学习西方一切有益于我的东西，又不可能全盘西化，采取民族虚无主义的态度，无视中国传统文化在现代化过程中的有益作用。如何处理外来文化与中国本土文化之间的关系，是自中西文化冲突以来学者们和政治家最为关心的问题。张之洞在肯定必须向西方学习的前提下，更充分肯定传统文化尤其是儒家伦理在现代化过程中的作用，强调只有在树立健全的民族自信心的基础上才能有效地吸收外来文化。他在《劝学篇·自序》中说，“吾恐中国之祸，不在四海之外，而在九州之内矣。窃惟古来世运之明晦，人才之盛衰，其表在政，其里在学”；“中国学术精微，纲常名教以及经世大法无不具备，但取西人之长补我不逮足矣。”这就对外来文化与中国传统文化之间的关系作了比较明确的处理。

今日看来，张之洞的这种处理难以令人信服，因为他所肯定的传统文化与愿意吸收的外来文化，其内涵都值得怀疑。在对待外来文化的问题上，张之洞尽管注意到了公法学等政治理论层面，但他对冯桂芬、马建忠等人提出的开议院和改革政治法律制度的建议则持坚决的反对态度，以为当时的中国尚不足以走到这一步。他在《劝学篇·内篇·正权第六》中分析到，按照中国旧有的制度，国家遇有大事，京朝官可以陈奏，其他的官吏也可呈请代奏。方今朝政清明，果有忠爱之心，治安之策，何患其不能上达？如其事可见实行，故朝廷所乐闻者。但是建议在下，裁择在上，便可收群策之益，而无沸羹之弊，中国何必一定要因袭西方那种议院之名呢？显然，这是张之洞在理论上的重大倒退。

不过，评价一个历史人物，除了要注意他所处的历史背景外，也应该设身处地考虑他的社会地位。历史上往往发生这种现象，即凡不承担具体的社会责任，或者说那些在野的思想家总是比较容易地走在时代潮流的最前列，所发表的见解也往往超越当时社会的实际承受力，而那些担当具体社会责任，或在统治阶层拥有举足轻重地位的思想家、政治家，不论他们的思想如何开明，他们所持的态度、所阐明的观点总是较为缓和、较为现实，多少总与社会的实际承受能力相一致。张之洞之所以否定开议院等主张在当时中国实现的可能性，大概只可由上述理由来解释。

至于张之洞对待中国传统文化的态度，无疑也是一种保守主义的立场，他虽然在相当程度上承认中国文化如科举制度等有改革、废除的必要，但他对中国文化精神、文化精华尤其是儒家伦理的理解，显然也没有达到时代认识的最高水平。他在《劝学篇·内篇·循序第七》中指出，中国立学宗旨无论何种学堂均应以忠孝为本，以中国经史之学为基，从而使学生的心术一归于纯正，然后再以西学论其知识，练其技能。“今欲强中国、存中学，则不得不讲西学。然不先以中学固其根柢，端其识趣，则强者为乱首，弱者为人奴，其祸更烈于不通西学者矣。”这就将中国文化的精华限定在儒家伦理的纲常名教、忠孝节义等方面，显然不能与当时蜂拥而至的西方民权、自由平等思想同日而语。

当然，如果从稳定社会秩序、协调社会发展的角度看，张之洞强调忠孝节义、纲常名教的现实作用也情有可原。我们知道，基于血缘、地缘关系的中国社会，几千年来之所以能够持久、稳步地前进，且不断地创造并长时期领先世界的文化，其最根本的一点无疑在于这个社会的封闭性和稳定性。在这种稳定性的现实基础上创造了纲常名教、忠孝观念，反过来，纲常名教、忠孝观念又促进、维护了这个社会的稳定与协调。然而，自西方文化特别是民权、自由观念输入以来，对中国旧有的纲常名教观念构成了致命的威胁，加上中国近代工业的发展，旧的社会结构虽没有被全部冲毁，但也确实受到了强大的冲击。在这旧辙已毁，新轨未立的大变动时代，社会信仰便不可避免地陷入极端危机。试想一下，如果中国再向前走一步，即刻接受西方自由平等的民权思想，开议院、行共和，能行吗？不要说社会基础尚不具备，即使在知识分子阶层也未必能行得通。甚至又过了近一个世纪的今天，我们又怎敢大胆地宣称中国已完全具备实行民主自由的社会条件了呢？当然，如张之洞那样倒退到纲常名教的旧观念上恐怕也不是当时的最佳选择，它虽然使儒家伦理一度获得改造和复兴，但总有理论滞后于时代之嫌。

合理的并不一定在现实生活中存在，在现实生活中存在的并不一定合理。然而，历史毕竟这样走过来了。张之洞通过对传统文化特别是儒家伦理的解析，以自己的理解肯定了传统文化和儒家伦理中应该肯定的东西，并力图使传统文化儒家伦理与外来文化进行有机的结合，以创造出一种适宜于中国需要的“新文化”，即中学为内学，西学为外学；中学治身心，西学应世事；不必尽索于经文，而必无悖乎经义。如其心圣人之心，行圣人之行，以孝悌忠信为德，以尊主庇民为政，虽朝运器机，夕驰铁路，无害为圣人之徒也。显然，他的目的是在坚持儒家伦理不变的前提下，吸收外来文化的合理部分，重新建构民族文化的新体系。这一理念本身似乎并无大错，只是张之洞毕竟忽略了社会条件的变化，仍一味尊崇孔孟程朱，置民权平等、民主共和等西方现代理论于不容讨论之地位，显然为智者之失。

四 道德革命与政治革命

张之洞在理论上的关键性失误，使他本来较为合理的、至少有讨论之必要的中西文化结合论的实际效用大为降低。每当人们提及这一点时，总是因此失误而从整体上否认其思想的合理性，梁启超称其书不十年将化为灰烬，闻者犹将掩鼻而过。何启、胡礼垣也认为张之洞的分析不过是“皮毛之语”，非为中的之言。所有这些都反映了激进思想家对张之洞的文化保守主义的严重不满。

1 旧道德：政治革命的阻力

本来，为了中国的变革与发展，康有为已经重新阐释儒学传统，并对原本保守的儒家思想赋予革旧图新的积极内容，在近代中国获得了空前成功。1898 年，清政府在民族危亡之际不得不接受康有为的建议，于是轰动中外的戊戌变法运动正式开始。在这场运动中，康有为充分利用光绪皇帝赋予他的权力，接二连三地提出不少有关改革的建议，就政治、经济、军事、文化各个方面的除旧布新进行了通盘设计。在文化方面，康有为着力抨击八股科举蔽固人才，学非所用，为空疏迂谬之人所共托，无济世艰。废八股为国家之大利，守旧无用之人所不利。建议尊孔子为改制圣主，请定孔教于一尊。

然而由于利益方面的原因，光绪皇帝与康有为的改革运动仅仅进行了一百天，便在以西太后为首的保守势力的军事镇压下全部破产。维新运动的主力六君子遇难，康、梁等人只好在外国势力的庇护下流亡国外。

康有为倡导并主持的维新政治运动的失败是他个人的悲剧，更是中国社会历史和中华民族的大悲剧。这一结局早在康有为构思变法的思想理论体系时即已呈现，只是他无从自觉而已。因为康有为一方面期望中国学习西方谋求变法，另一方面，他又寄希望于与西方思想文化体系截然不同的中国传统文化，以便从中寻求帮助，促使改革成功，就中西文化的比较和利用传统文化的资源而言，康有为获得了成功，然而正是这种成功本身导致了他个人乃至全民族的悲剧。

在中国传统社会里，以孔子为思想代表的儒家学说，两千年来发生着急剧性的变化，后期的思想与孔子本身的思想相差甚远是谁都不怀疑的事实。只是有一点，在中国传统社会中，孔子和儒家学说的最高统治地位虽然不时面临来自外部的挑战，但几乎不曾动摇过。就这种历史条件来看，康有为借重孔子的思想权威，把孔子打扮成托古改制的圣主，通过重新阐释儒家精神，以求在孔子的权威下取得大多数知识分子的认同，这当然对打击顽固守旧分子，解放思想，扫除改革的障碍起过积极的作用。

不过，孔子及儒家思想既然可以阐释为托古改制，也为守旧分子对改革的攻击提供了借口和理论上的依据。我们看到，康有为的反对派在对他进行攻击时，也无不借孔子之义为招牌，以为康有为擅改孔子和儒家精神，罪不容赦。如《翼教丛编》的作者就曾明确地指出这一点，他们说，康有为之徒，煽惑人心，欲立民主，欲改时制，乃托于无凭无据之《公羊》家言，以遂其附和党会之私智。他们也借重孔孟的招牌，以康有为相同的手段重新塑造孔子的形象，重新解释儒家的精神，鼓吹纲常名教为千古不易的定律。并指责康有为擅解儒家精神，鼓吹君主立宪与孔子的事君以忠、孟子的保民而王的精义大相径庭，是非驴非马的议论，中无此政，西无此教，故恐地球万国将众恶而共弃之。显而易见，康有为试图借重儒家文化以谋革新虽逞一时之快，而最终失败也正在于此。那么，康有为和他的同志在当时是否根本没有看到这一点呢？

康有为和他的同志差不多都生长在传统文化的背景下，他们对西学表示过无限的向往与渴慕，主张向西方学习，但他们割不断与传统文化的千丝万缕的联系。何况他们是出于现实的需要而构筑思想体系，不可能冷静、从容不迫地从事中西文化的研究和比较，而只能匆忙地从古今中外各家各派的思想学说中尽量寻觅适合现实需要的理论武器。此点诚如梁启超后来所反省的那样，康有为等人生于此种“学问饥荒”之环境中，冥思苦想，欲构筑一种“不中不西即中即西”之新学派，而已为时代所不容。盖固有之旧思想，既根深蒂固，而外来之思想，又来源浅薄，汲而易竭；其支绌灭裂，固其宜矣。有鉴于此，康有为等人不能不从传统文化中寻求理论支持。比如他所演绎的《公羊》三世说的历史进化论，与其说是他接受了西方近代进化论的思想，不如说是他受西方自然科学的启发而大胆发掘传统文化的结果。在那种条件的制约下，他们不可能与传统实行彻底的决裂，而只能在传统幽灵的庇护下进行改革。

康有为、梁启超等人不必说了，即便是“冲决网罗”的斗士谭嗣同也莫不如此。谭嗣同早年倾心于旧学，后来较多地接受西方自然科学的知识，30 岁之后，新学洒然一变，前后判若两人。当此时，又值甲午，地球全势忽变，谭嗣同的学问更大变，毅然与旧学决裂，走出传统文化的营垒，加入向西方寻求真理的先进的中国人的行列，用获得的西学知识对传统文化发动了猛烈的攻击，大胆反对传统社会忠孝节义及三纲五常等伦理观念，其激烈程度远远超过康有为、梁启超等同时代的人。他在《仁学》自叙中写道，初当冲决利禄之网罗，次当冲决俗学若考据、若辞章之网罗，再次冲决全球群学之网罗，第四要冲决君主之网罗，第五要冲决纲常伦理之网罗，第六要冲决天之网罗，第七要冲决全球群教之网罗，最后必将冲决他所信服的佛法之网罗。由此可见其反对传统伦理道德观念的激烈程度远远超过同时代的康梁等人。

谭嗣同认为，中国政治变革之所以如此艰难，一个最为重要的原因在于中国人的伦理观念太落后，这种旧的道德伦理观念已严重地束缚了中国人的手脚。他说，今日中外皆侈谈变法，侈谈改革，但是如果五伦不变，则举凡至理要道，皆无从谈起，何况还有那更为残酷的三纲呢？“三纲之慑人，足以破其胆而杀其灵魂。”因此，中国的进步与发展只能从冲破儒家伦理的束缚开始。与此同时，中国人应该积极引进西方伦理观念中的“平等—自由”的精义，改造乃至放弃儒家伦理中的三纲五常，建立一种以“平等—自由”精神为基本核心的资产阶级新道德。

对于传统的儒家伦理，谭嗣同认为其基本精神违背了自然、人性尤其是自由平等原则，是统治者为了巩固其统治地位和统治秩序、钳制老百姓而故意制造出来的，是统治阶级在意识形态领域中的工具。特别是儒家伦理中的三纲五常，实已造成社会的不平等，是为他们的私利服务的。比如君臣一伦，只允许君主斥责臣下，要求臣下对君主绝对忠诚，实为一种单方面的要求，显然是不公正的。于是他对中国传统的政治体制，进行了严厉的批判，指责君主为“独夫民贼”，以为中国两千年来之政治为强盗政治，皆秦政也，皆大盗也；两千年来之儒学，皆荀子之学也，皆乡愿也。唯大盗利用乡愿，唯乡愿工媚大盗。二者交相资。又以为两千年来所谓君臣一伦，尤为黑暗否塞，无复人理，延续至今，更为剧烈。以为君主既为独夫民贼，臣下犹以忠事之，是辅桀也，是助纣也。这样的愚忠只能给中国带来更多的祸害，而无补于社会的进步与发展。所以，他格外赞美法国资产阶级大革命，“誓杀尽天下之君主，使流血满地球，以泄万民之恨”。他甚至下意识地表示愿意投身于农民起义的行列，求为陈涉、杨玄感，以供圣人驱使，死而无憾。这显然与康梁等人只寄希望于上层政治改革，而无视民间的力量有所不同。凡此，无疑与卢梭的理想暗合，表现出对传统社会、传统文化的批判精神。

对于三纲中的父子一伦，谭嗣同以为也严重地违反了自然人性。因为父子之间实际上只存在生理与血缘上的关系，至于二者之间的社会关系，则应该是平等的。可是三纲的基本要求是父为子纲，后来竟然发展到天下无不是的父母，甚至父要子死，子不得不死的地步。于是平等之义便荡然无存。

对于在名教压迫下的中国妇女，谭嗣同也寄予无限的同情，尤其是对宋儒“饿死事小，失节事大”的荒谬说法极为反感和厌恶。他强调，男女同为天地之精英，同有无量之盛德大业，理所当然应该平等相待。决不应单方面地要求妇女如何如何，否则便是双重标准，便是一种极不公正的做法。

谭嗣同认为，在儒家三纲五常的伦理观念中，似乎只有朋友一伦符合平等之义。他在《仁学》中写道：“五伦中于人生最无弊而有益，无纤毫之苦，有淡水之乐，其惟朋友乎！顾择交何如耳，所以者何？一曰平等，二曰自由，三曰节宣惟意。总括其义曰不失自主之权而已矣，兄弟离朋友之道差近，可为其次，余皆为三纲所蒙蔽，如地狱矣。”因此，他主张以朋友之道为圭臬，改造君臣、父子、夫妇和兄弟之间的关系，使之具有朋友之道的自主、平等之权。这样才能使人际之间的关系做到平等、自由和自主，才能符合近代资产阶级提出的自由、平等、博爱的人道主义原则。

2 个性解放与人权天赋

在近代中国，最先提出人的解放这一口号的是康有为。他在 19 世纪 80 年代末 90 年代初所著的《实理公法全书》中，就以西方近代资产阶级自由、平等、博爱的理论，猛烈抨击中国传统社会制度和传统的意识形态，并绘制了他的理想世界的蓝图。

继康有为之后，谭嗣同在《仁学》中进一步发挥自由、平等、博爱的理论，阐释与康有为的主张基本相同的人的解放的主张。

近代中国明确提出人的解放主张的还有梁启超。他的《新民说》基本上贯穿了这一主张。

甲午战争失败之后，国内知识界大为震动，人们在反思中国发展道路的同时，已经明确感到中国人的基本素质尤其是国人的伦理观念、道德意识远远落后于时代的要求，因此，知识界的进步人士开始大声疾呼必须进行国民性的改造，只有使国民的现代意识真正建立起来，中国的进步才会有希望。在这些进步人士中，最为突出的是以引进西学为主要工作和人生使命的严复。

严复是近代中国睁眼看世界，积极向西方寻求真理，以挽救中国于危亡、促进中国进步与发展的杰出代表，他翻译的《天演论》以及其他西方学术名著，第一次比较系统地把西方近代资产阶级的政治、经济、哲学等著作介绍到中国，在中国思想界发生了持久的重大影响，使近代中国人向西方寻找真理的活动达到了一个崭新的阶段。

严复根据斯宾塞的社会有机体的理论认为，中国问题虽然千头万绪，但最基本的原因则是中国人的道德伦理远远落后于西方国家。道德伦理不是一个简单的问题，它实际上是一个社会能否持续发展、一个国家兴衰存亡的根本。他从斯宾塞的社会有机体论出发，明确以为社会成员的个体状况如何基本决定着一个社会的命运。而个体的所谓状况主要是指道德伦理方面的意识。为此，他再三强调要提高人民的道德水平，鼓吹个性解放，以新民德重建中国社会伦理，改变“智卑德漓”的现状。他在《论教育与国家之关系》一文中说，社会之所以为社会的理由，就在于有天理和人伦两个方面。天理亡，人伦堕，则社会将散，散则他族得以压力御之，虽有健者，也无法自脱。故此，欲振兴民族，强盛国家，恢复中国在世界历史进程中应有的地位，成为世界一流强国，必然要先收拾人心，重建道德，培养一代具有现代世界意识的新国民。

对于中国的旧道德特别是盛行几千年的儒家伦理，严复和同时代的思想家如谭嗣同一样，持严厉的批判态度，以为三纲五常所反映的社会现实久已不存在，而三纲五常本身经过千百年的发展变化，也已失去早期儒家的原初本意，而沦落得不合乎人性、不合乎自然，已无维系人心、整合社会的基本功能和力量。

至于严复提出的新民德的基本内容，大体合乎西方现代社会的基本要求。主要内容有三，一是鼓民力，一是开民智，一是新民德。即从德、智、力三个方面去改造中国的国民性，既提高中国人种的水平，使中国人有强健的体魄，又具有相当高的智力水准、道德水准。三者并重，缺一不可。他在《论今日教育应以物理科学为当务之急》一文中说，德育当主于尚公，体育当主于尚武，而尚实唯智育当之。这就要求以资产阶级道德来改造中国传统的旧道德，以西方近代科学来取代中国传统的辞章训诂义理之学，以现代西方盛行的体育活动来作为全民健身强体的基本途径。正是在这种思想的支配下，近代中国曾经发生过一场轰轰烈烈的社会风俗改良运动，其中最为突出的当数禁缠足。那时的思想家差不多都是从严复的这一感受出发，以为中国要保国保种，就必须废弃有害于妇女身心健康的不人道的缠足行为。

严复认为，当时中国之所以教化不行，道德败坏，主要原因在于人们没有最起码的自由。其所谓自由，包含两个方面的含义，即政治自由和伦理自由。政治自由主要讨论个人与政府之间的关系，是指个人在政府合理的管束下行为的权力；伦理学上的自由讨论个人与社会、他人之间的关系。伦理学上的自由含义约有如下诸点：

①自由即凭自己的意志行事，就是为所欲为，无所滞碍，它和奴隶、臣服、约束、必须等在实际意义上是根本对立的。所谓自由，就是人各自主，互不侵害，人人都有自由自主的权利。

②自由与平等相联系，是社会全体成员都共同享有的权利，不是个别人的特权。个人实行其自由的权利，必以不损害他人的权利为基本前提。侵害别人的自由或自己的自由被别人侵害，都不能算做真正的自由。

③绝对的自由在人类社会是不存在的，只有独立于社会的个人或传说中的神仙才享有这种权利。同样，绝对的不自由，在人类社会中也是没有的，必是在自然界才这样。因此，严复强调无论如何不能把自由理解为个人欲望的绝对放纵，它必然要受制于个体所处的社会历史环境，必然要受到一定的法律约束。他说，政府国家者，有法度之社会也，既曰有法度，则民之所谓自由者，便不可能是绝对的放纵的自由，而只能在法律许可的范围之内。换言之，个体自由决不能与群体自由相冲突、相违背。一方面，个人确实应该享有充分的自由权利，这种权利是包括君主、政府在内的任何人、任何机关都不能予以剥夺的神圣权利。然而另一方面，个体的自由不可能随心所欲，不能以个体的自由影响群体的自由。当然，随着人类社会自治水平的提高，人类的自由程度也必将随之提高，自由权利将会进一步扩大。

④自由是个人对于社会的一种权利，其字义是中性的，本身并不包含道德评价，无所谓善恶。然而，自由却是个人行善作恶的先决条件，不自由，则不仅不能为善，而且连作恶都不可能。换句话说，对于不由自主的行为是不能作善恶的道德评价的。

严复之所以强调个人自由对于中国人之重要，是由近代中国特殊的历史条件决定的，是近代中国哲学对主体性的强烈呼唤。因为千百年来中国大众几乎一直处于极强的政治高压之下，在中国，百姓并不是国家的主人，普天之下莫非王土，率土之滨莫非王臣。只有君主一人是国家的主人，其余都是君主的子民或臣仆。中国人的奴性是世界各民族中极少见的。中西政治、经济、学术、道德诸种观念的差异，说到底，都是由于“自由不自由异耳”，如中国人最重三纲，而西方人首明平等；中国人亲亲，而西方人尚贤；中国人以孝治天下，而西方人以公治天下等。中国人对于社会事务没有任何权利，只有忠于君主的义务。中国人若去关心自家以外的事务，尤其是国家、社会公务，则被社会普遍认为多管闲事，不太本分，或怀有野心，等等。若因此而发生不幸，不仅不能得到社会的同情，反而会因此受到社会的嘲弄，以为是咎由自取。于是久而久之，中国人便自然养成各人自扫门前雪，休管他人瓦上霜的社会风气。要想改变这种状况，在严复看来，只有向西方学习，提倡并实行自由的意识，以自由为体，以民主为用，重建道德，使人民养成一种良好的新道德风尚，才能达到利国利民的目的。

在谈到自由与平等、民主的关系时，严复强调这三者是一体而不可分的。自由的实行必须是与平等、民主相联系的。首先，自由以平等为前提，不平等，以古人、达官贵人的意志为权威，则心思意志必不能自主，那么自由就是不完全的。自由者，各尽天赋之能事，而自承功过者也。其次，在平等的社会中，人人都有自主之权，即人人都有独立自主之人格。人格是独立的、自主的，即自由的，那么其所思、所行、所为，都不必再顾忌权威，不必屈己以迎合他人的意志，对自己的言行则必须而且应该自承其功过。这样，中国的老百姓就会将天下视为自己的天下，将社会事务视为自己的事务，就会主动关心社会国家大事，从而养成良好的社会公德。

提倡中国人具有良好的社会公德，并不意味着反对合理的欲望。恰恰相反，在严复看来，合理的利己主义不仅在西方是必要的，即便在中国也是必要的。合理的利己主义有益于社会进化，人们去追求长久、真实的物质利益并不影响人们照样具有良好的道德品质。物质利益与精神文明不是对立的两极，而是一个问题的两个方面，既相反，又相成。他认为，中国的一切之弊，恐怕并不来源于中国人竭力去追求物质利益或物质享受，可能的情况正好相反，皆来源于中国人的过度贫困，正是老百姓的过度贫困使他们久已到了无法讲究礼义道德的地步。严复设问道，中国人为什么作伪而售欺，只有一个字即贫也。在这种极端贫困的状况下，向人民宣传道德教化，要求人们不偷盗、不诳语、不卖淫等，甚至去作或死或义的抉择，表现出高尚的道德气节，那显然是不切合实际的幻想。严复强调，礼生于有，而废于无。只有将中国的老百姓真正富裕起来，文明的礼义廉耻道德伦理才能真正建立起来。也正是从这个意义上说，严复不认为义利是一种相对峙的关系，而是义利合。非明道则无以计功，非正谊则无以谋利。要获得功利，行为必须以符合道义为前提，否则非但不能得利，还会招来祸害。应该以双赢、两利为利。即既有利于自己，也要有利于他人。积私以为公，明两利为利，独利为不利。此即“开明自营”的道德伦理观。只要真的做到开明自营，便不会在道义上有什么欠缺。

在近代中国主张个性自由和解放的思想家相当多且各有特色。除了严复凭借西方的思想资源主张的这种个性解放与人权天赋外，还有章太炎凭借儒学和佛学的思想资源而提倡的“依自不依他”的说法。章氏认为，道德责任以意志自由为前提，只有按照依自不依他的原则，才能保证道德行为的主体自己做主，不依赖于鬼神或他人。他说，人本来就是独立的，并不为他人而生存。人尽道德的责任，也不是单纯为了求报酬，而是出于仁爱之心，出于自主的选择。人用道德规范来指导自己的行为，也完全是出于意志的自由，因而任何道德行为都是人格独立、意志自由的活动，是依自，而不是依他。因此，章太炎格外强调人的意志力的独立作用。

在谈到人性这一伦理学的基本问题时，章太炎继承近代以来进步思想家的观念，着重强调人的自然本性，以为人并不是为世界而生，不是为社会而生，不是为国家而生，不是为他人而生，而是为自己而生。所以，人对于世界、社会、国家以及他人，本没有责任。责任只是后来的事。因此他强调，任何人都有成为自己命运主宰者的自由，社会、国家不能强制人们必须承担政治、经济等责任与义务。他将人与社会的关系规定为既要借力于人，又不得不以力酬人的关系，并把它看做确保个性独立、个性自由的先决条件。

在近代中国思想家中，邹容也曾根据卢梭的天赋人权的理论，竭力鼓吹中国政治的变革要从改造中国人的奴隶劣根性开始，只有将中国人的奴隶劣根性彻底改造过来，使中国人真正成为具有独立人格和独立意识的国民，中国的政治变革、经济变革才具有实现的可能性。他说，当中国人尚不具备国民意识时，既无自治之力，也无独立之心，举凡饮食、男女、衣服、住行，莫不有待于主人，而天赋之人权，应享之幸福，也莫不奉之于主人之手。乃至依赖之外无思想，服从之外无意识，如此之国民只是一种奴隶。在这种情况下中国又怎能获得进步与发展呢，他的意思是，中国人的独立自治的权利不是靠皇帝什么人给予，而是要启发国民的觉悟，靠自己的觉醒与力量去争取。

3 新民德：新道德的萌生

戊戌变法失败后，康有为、梁启超等人流亡国外，由于康氏在此后死死抱住保皇的理论不放，因而其政治上的影响逐步减弱，所扮演的角色也越来越不重要。而其弟子梁启超则不然，由于他敢于以今日之我去否定昨日之我，紧追时代潮流，尤其是在主持《新民丛报》以及一系列关于“新民”思想的著述发表后，他很快成为思想理论界的真正领导者。

梁启超的新民思想来源于严复。严复于1895年发表的《原强》等政论文章明确指出，与西方国家相比，中国国民缺乏应有的民主素养，这就为专制主义制度提供了思想文化基础和社会凭借。久而久之遂使中国的国民具有极其浓厚的奴性道德意识，国家大事不仅无权过问，即便给他权力，他也不知道如何行使自己的这份权力。因此，在严复看来，中国问题的真正解决，关键在于改造国民性，在于启发民众对于国家大事的参与意识。

严复的这些观点深深地启发了梁启超。梁启超在得读这些文章之后似乎就已开始思考国民性的改造问题。他在1896年发表的一系列政论文章中强调，近代中国之所以举步维艰，中国人之所以保守成性，一个重要的原因就是民智未开。于是他明确提出以开民智、新民德为第一要务。

新民的意义是要改造中国的国民性，要把中国这一老大的病夫改造成一个新鲜活泼的民族。他在《新民丛报》开篇便说：本刊之所以取名为《新民丛报》，就是取《大学》新民之义，以为欲维新中国，必先维新中国人。中国之所以衰微不振，一个最重要的原因就是国民的公德意识太缺乏，智慧不开。他在《新民说·叙论》指出，未有四肢已断，五脏已疾，筋骨已伤，而身犹能存者；同时也不可能有其民众愚陋怯弱涣散混浊而国犹能自立者。因此，他强调只要有了新民，何患没有新制度、新政府、新国家。故而他将新民作为改造中国，推动中国进步、发展的唯一途径。其所谓新，就是革新、更新的意思，即是以资产阶级的新道德、新观念、新习俗、新风格去教育和改造积弊极深、奴性极重、智慧不开、缺乏公德和爱国心的人民。他的新民说的最大贡献在于指出中国民族缺乏西洋民族的许多美德，因而竭力主张向西方学习，以西方资产阶级的道德观念重塑中国人的理想人格。所以我们可以说，新民思想是梁启超道德伦理思想中最具有代表性的一部分，具有浓厚的资产阶级道德特征和资产阶级理想人格特点。

至于梁启超理想中的新民应具有的基本特点，大致说来有如下诸点：

①新民应该具有道德理想。即应该具有极为强烈的公德观念。当然，在梁启超的观念中，公德与私德并不是对立的两极，而是一个事物的两个方面，是对立的统一。他认为，道德之本体只有一个，但其表现形式则有公德与私德之分。人人独善其身者谓之私德，人人相善其群者谓之公德，二者皆为人生所不可缺之具也。但是，一个合理的社会，无私德则不能立，合无量数卑污、虚伪、残忍、愚懦之人，无以为国；同样道理，一个合理的社会无公德则不能团，虽有无量

数束身自好、廉谨良愿之人，仍无以为国。他以为，公德与私德对于新民来说，都是不可缺少的，对于每一个人来说，都是应该具备的。显然，他的这种意识已远不是儒家伦理尤其是宋明理学的重公德而不重私德的禁欲主义，而具有明显的近代资产阶级的道德伦理意识。当然，梁启超的这种意识并不是很彻底，在他的道德观念中，对公德的重视依然超过私德。他依然认为，社会的大我，即“群”远远高于小我即个体的利益。这一方面是受到中国传统文化特别是儒家伦理思想的影响，另一方面也是在开启五四新文化运动后期社会本位思想的先河。

②新民应该具有独立自由的自觉意识。因为人除了合群以外，一定要有独立之性，只有具有独立之性的人才能真正合群。如果缺乏人的独立之性，仅仅依靠少数人的领导，是不可能成为群的。有了独立之人，才有独立之国，而国家之独立是一个国家最根本的权力。他说，独立者何？不依赖他力，而常独往独来于世界也。也就是《中庸》中所说的中立而不倚。中国之所以不能成为独立的国家，主要是因为国民太缺乏独立之德。中国人讲学问往往依赖古人，讲政术往往依赖外国人，官吏依赖君主，百姓依赖政府。于是一国之人皆放弃各自应尽的责任，而唯依赖是务。所以今日救国之策，只有提倡独立，使人人都有一种独立意识，中国的国家独立才有可能真正实现。

与独立相联系的是人的自由意识。梁启超认为，自由是建立在独立意识的基础上的，没有真正的独立就不可能有真正的自由；没有真正的自由，独立也只能是一句空话。在这一点上，梁启超把自由看做人的天赋权利。自由者，天下之公理，人生之要具，无往而不适用也。他说，人之所以为人者主要取决于两大问题，一是生命，一是权利。而生命也表现在两个方面，即物质的生命和精神的生命。二者缺一不可，故而可以说，自由乃是人类精神上的生命。言自由者无他，不过使之得全其为人之资格而已。广而论之，即不受三纲五常之压制而已，不受古人之束缚而已。为此，梁启超既反对人身的奴隶，更反对心中的奴隶。以为人身的奴隶并不可怕，可怕的是思想上成为奴隶，那就失去了真自由。他说，思想自由出真理，如果不能破除心中的奴隶，让理性自由自在地活动，那么真理便不可能源源不断地涌现出来，社会便依然处于一种权威的压制之下。故今日欲救精神界之中国，舍自由美德外，其道无由。中国人只有恢复了精神界之生命活力，才能得到思想的自由，然后真理才能真正出来。

③梁启超强调所谓新民一定要具有进取和冒险精神。这种冒险与进取精神相当于中国早期儒家素来所强调的“浩然之气”，是一个人和一个国家赖以生存的重要精神力量。人有之则生，无之则死；国有之则存，无之则亡。那么怎样才能培养人们的冒险和进取精神呢？梁启超认为，一是要培养人们对未来的希望，因为心中没有希望的人，是不可能有所作为，更不可能

具有真正的进取冒险精神。二是要培养人们对于事物的热诚。任何真正具有冒险和进取精神的人，都必然是一个有热诚的人。对于祖国的热诚，对于事业的热诚，对于人民的热诚，能使人产生极大的能量。一个对一切漠不关心、麻木不仁的人，是不可能具有冒险和进取精神的。三是要培养人的智慧。一个具有冒险精神的人，一定是有智慧的人。一个事理不明的人，便只能怕这怕那，畏缩不前。故而可以说，进取冒险之精神，又常以其见地之深浅高下为依归。四是需要具有胆力。胆力对于进取冒险精神是不可缺少的因素，任何伟大的人物都必然具有出众的胆识和由此而产生的力量。

梁启超的新民思想阐释了近代资产阶级对理想人格的基本要求，在当时具有明显的进步意义，对近代中国伦理观念的变革起到相当积极的作用，影响颇大。近代中国一代新知识分子差不多都受到这一思想的启发和刺激，特别是他那些“笔锋常带感情”的文字，不仅深深地影响了整整一代中国人，而且确实在一定程度上促进了近代中国的急剧变化。毛泽东曾一度以梁启超为人生“楷模”，对于梁氏的文字读了又读，直到可以背出来。郭沫若也曾深情地回忆到，在那时，不论是赞成还是反对梁启超的政治主张，可以说没有一个人没有受过他的思想或文字的洗礼的。他的功绩不在章太炎辈之下。尤其是他的新民说，确实给新一代中国知识分子以相当深刻的影响。胡适在《四十自述》中追述自己的思想历程时说得更坦率。他承认梁氏的《新民说》的最大贡献在于指出中国民族缺乏西洋民族的许多美德，给中国人开辟了一个新的世界，使中国人彻底相信中国之外还有很高等的民族、很高等的文化。这必然引起人们的好奇心，使人们向着一个未知的世界去探寻，去奋斗。他指出我们所最缺乏而最需采补的是公德，是国家思想，是进取冒险，是权利思想，是自由，是进步，是自尊，是合群，是生利的能力，是毅力，是义务思想，是尚武，是私德，是政治能力。他在《新民说》的十几篇文字里，抱着满腔的血诚，怀着无限的信心，用他那枝“笔锋常带情感”的健笔，指挥那无数的历史例证，组织成那些能使人鼓舞，使人掉泪，使人感激奋发的文章。其中如《论毅力》等篇，我在二十五年后重读，还感觉到它的魔力。何况在我十几岁最容易受感动的时期呢？

五 个人本位与社会本位

个人本位与社会本位之间的内在紧张，一直是中国伦理思想史上纠缠不清的问题。正统思想家素来所强调和宣扬的差不多都是社会本位，鼓吹的也都是牺牲小我而服从大我，抑制个人的自然欲望以成全社会、国家。应该承认这种思想观念在中国古代曾经起过很大的积极作用，但其消极的方面也相当明显。因此，历史上总有一些异端思想家对社会本位的思想提出质疑，甚者鼓吹以个人为本位，将个人的利益、欲望置诸团体、社会、国家之上。这种内在紧张到了近代日趋表面化、白热化，中国人为此发生某些冲突与争议，便是势之必然。

1 个人本位：新道德的基本需求

由于中国历史的特殊性，近代中国道德革命的强劲声音便是主体性的呼唤，便是功利主义尤其是个人主义的提倡。在这方面，近代中国启蒙思想家差不多都主张功利主义和个人主义，而尤以严复最为典型。

严复在翻译《社会通诠》等西方学术名著时，格外强调个人主义和功利主义人生观，以为一个人的道德气节固然重要，但要使人能真正持有这种道德气节，则必须满足人的最基本的物质需求。他认为，趋乐避苦是人的本能，是人之常情，人道所为，必背苦而趋乐。必有所乐，始名为善。乐者为善，苦者为恶，苦乐者所视以定善恶者也。把苦乐作为善恶的标准，虽然在理论上有很大的缺陷，但明显地表现出一种个人主义和功利主义的思想倾向，他在介绍西方的思想时，当然反对西方的极端利己主义，但相当欣赏西方的合理利己主义，提倡群己并重，合己为群。在注意国家根本利益的前提下，格外注意个人的利益，再三地强调义利合的观点，以为道德要以一定的物质条件为基础，利己与行善并不存在根本性的冲突，只要在不违反社会公理的前提下谋取私利，都是可以容忍和得到支持的。这种思想观念尽管来自西方资产阶级人生价值观念，但是如果宣扬得当，显然也比较容易与中国传统思想中的义利观念尤其是管子、司马迁等人的伦理观念相契合，既不必然具有异端的色彩，也比较容易将中西思想的一致性结合起来。为此，他又进一步主张“开明自营”的思想。

按照开明自营的思想，严复主张积私以为公，明两利为利，独利为不利。反对毫无意义地为群体、为他人的利益而牺牲个人利益的行为，也反对为个人利益而不顾他人、不顾群体利益的极端自私自利的利己主义行为。所以可以说，严复的开明自营思想既是合理利己主义的道德伦理观念，也与极端自私的利己主义道德观有很大的区别。自私、利己以不损害他人的利益，不危害群体的利益为前提和原则；爱他、利群也不以遏制个人的合理欲望、个人的合理利益为代价。如此，只要人人都能做到开明自营，就可以做到既爱他、利群，又能自私、利己，这种观念显然与杨朱的“拔一毛而利天下不为也”的思想有相当的一致性。

然而，如果遇到利他与利己二者之间发生冲突时，即爱他、利群与利己、自私不能两全时，严复认为只能牺牲前者，保全后者。所以，这种开明的、合理的利己主义说到底仍是以利己主义为基础和归宿的。它虽然比极端的、纯粹的利己主义从表面上看要开明和合理些，但其本质只是利己、重己，强调个人利益的至上性和重要性。它符合近代资产阶级成长的基本利益要求，是对中国传统社会统治阶级长时期倡导的禁欲主义的根本否定。

严复所强调的开明自营思想在近代中国具有相当的影响力。其显然的作用便是最有功于民生之学。“自营”一言，古今所讳，人人耻于开口，即便人们在主观上想为自己争取某种权利和利益时，一般总是显得羞羞答答，难以启齿。但是到了近代，世变不同，“自营”也异。特别是随着近代中国资产阶级的兴起和市民社会的逐步建立，中国资产阶级如果继续讳言自营，恐怕不仅无助于市民社会的健康发展，而且必将违背社会发展的一般规律，不利于社会经济的成长。

2 社会本位：旧道德的终极关怀

近代中国的政治革命与思想启蒙纠缠在一起，“救亡压倒了启蒙”。因而个性解放的思想虽然在近代中国不绝如缕，但是总被民族危亡的紧迫任务所压倒、所忽略。故而近代中国的道德革命不仅没有顺利地完成个性解放这一神圣使命，反而在某种程度上强化了中国旧道德中的社会本位意识。我们看到，在近代中国的一种比较突出的现象是，举凡那些进步的思想家，除了极个别之外，总是以鼓吹社会本位，以牺牲小我成全大我为立论的基本宗旨。

强调社会本位意识最突出的当然是那些以革命为终生职业的革命者，尤以孙中山的思想最为典型。孙中山虽然也重视人的解放这一时代主题，但现实斗争的需要，使他在更多的时候、更多的情况下似乎只能采取社会本位的立场。他的理想是建立民主、共和的现代国家，最高理想是实现世界大同。他在桂林对滇赣粤军的演说中指出，孔子有言曰：大道之行，天下为公。为此，则人人不独亲其亲，人人不独子其子，是为大同世界。大同世界，即所谓天下为公。要使老者有所养，壮者有所营，幼者有所教。孔子之理想世界，真能实现，然后不见可欲，则民不争，甲兵也可以不用也。

要实现天下为公的大同理想，孙中山一方面强调人人要有好的人格，另一方面更格外看重这种人格不是个人的人格独立、个性解放，而是要有为实现这种理想而奋斗的精神。他所强调的人格救国等，本质上都是要培养为社会进行无私奉献的一批革命志士。他一再强调，我们革命者一定要树立大志气，树立替众人、替社会无私奉献、无私服务的新道德观念，要立志发愿一生一世都不存升官发财的心理，只知做救国救民的事业。人人当以服务为目的，不以夺取为目的。人人都应成为重于利人的人，而不成为重于利己的人，更不能成为极端自私自利的小人。一定要树立一种健全的理想和健全的人格。

在孙中山的理念中，所谓好的人格是与利己主义相对峙而存在的。他说，人类的思想，可以说一种是利己的，一种是利人的，人本来只是兽，所以多少带有一些兽性，人性很少。我们要使人类进步，就在于造就高尚的人格。要人类有高尚的人格，就在于减少兽性，增多人性。没有兽性，自然不至于作恶；完全是人性，自然道德就高尚。因此，在他看来，人类能否进步，国家能否昌盛，革命能否成功，关键就在于人们能否克服利己主义，发扬利人思想，减少兽性，增多人性。这样，孙中山便以革命的名义轻而易举地提出社会本位的理想人格论作为他的伦理观念的基础。

基于这种社会本位的人格论，孙中山提出心理革命的主张，以为革命者必须从自己的方寸之地做起，要通过改造中国的革命实践，进行刻苦的磨炼、改造和教育，把自己从前不好的思想、习惯和性质，同兽性、罪恶性和一切不仁不义的性质一样，都坚决一概地革除，从而培养出合乎革命需要的理想人格。

那么，怎样才能培养出人的理想人格呢？孙中山认为，关键在于正本清源，从根本上下功夫。即以改良人格来挽救中国，使人人都能有一种互助互爱的心理素养。他说，所谓道德仁义的根本用意就是要求人们互助互爱，互助互爱既是人类的天性所趋，也是道德伦理的最高体现。人类只有互助协调才能解决求生存的问题，也只有互助协调，才能保障社会秩序的稳定与天下、国家的安宁。在这一点上，他除了接受俄国无政府主义的互助论之外，更多的是接受了中国古代墨家的兼爱学说，以为墨子的所谓兼爱不仅与西方资产阶级道德伦理观念中所讲的博爱相一致，而且更能体现出现代社会所需要的是公爱而不是私爱，是爱人而不是爱己，是社会本位而不是个人本位。他借用司马迁的著名格言，“人固有一死，或重于泰山，或轻于鸿毛”，认为一个革命者因革命而死，因改造旧世界建设新社会而死，是死得其所，其死比泰山还要重，乃有无量的价值、无上的光荣。显然，孙中山社会本位的伦理道德价值观的最终关怀之所在不是个人人格的独立与自由，而是社会的进步与发展，是全人类的进步与大同世界。就此而言，孙中山的道德伦理观念虽然具有革命的性质，但更多的是吸收了中国传统的旧道德的理念，是中国传统旧道德在现代社会的重构和发展。所以他敢于在国人大谈新道德的时候，直截了当地提出中国传统道德观念的现代转换问题，明确以为中国问题的真正解决，不在于彻底放弃中国的旧道德，而在于如何批判地继承中国的旧伦理。他在《三民主义》演讲中指出，一般醉心于新文化的人，便排斥旧道德，以为有了新文化，便可以不要旧道德。不知道我们固有的东西，如果是好的，当然是要保存的，不好的才可以放弃。我们要恢复我们民族在历史的辉煌，关键是我们要恢复我们民族的精神，而我们民族精神的主要内容也就是我们民族独特的道德伦理观念。

讲到中国固有的道德伦理观念时，孙中山格外强调忠孝、仁爱、信义、和平这几点。他以为这几点旧道德如果经过适当的转换，便可拿来为现代社会服务。比如忠孝的观念，五四新文化运动曾对其进行过严厉的批判。但孙中山认为，即便到了民国时期，忠孝的观念还是需要的，只是此时的忠不是忠于君主个人，而是忠于国家、忠于人民。至于孝，更是中国所特长，尤其比各国进步得多。《孝经》所讲的“孝”字，几乎无所不包、无所不至。现在世界上最文明的国家讲到孝字，还没有像中国古人讲得这么完全，这么得体，所以孝字更是不能不要的。国民在民国之内，若能够把忠孝二字讲到极点，国家便自然可以强盛。至于等而下之的仁爱、信义与和平等，更是中国的现代社会所不可缺少的。他说，“我们旧有的道德应该恢复以外，还有固有的智能也应该恢复起来。我们自被清朝征服以后，四万万人睡觉，不但是道德睡了觉，连知识也睡了觉。我们今天要恢复民族精神，不但要唤醒固有的道德，就是固有的知识也应该被唤醒。中国有什么固有的知识呢？就人生对于国家的观念，中国古时有很好的政治哲学。我们以为欧美的国家近来很进步，但是说到他们的新文化，还不如我们政治哲学的完全。中国有一段最有系统的政治哲学，在外国的大政治家还没有见到，还没有说到那样清楚的，就是《大学》中所说的‘格物、致知、诚意、正心、修身、齐家、治国、平天下’那一段话。把一个人从内发扬到外，由一个人的内部做起，推到平天下止。这样精微开展的理论，无论外国什么政治哲学家都没有见到，都没有说出，这就是我们政治哲学的知识中独有的宝贝，是应该要保存的。”显而易见，孙中山的这种解释尽管不太合乎中国传统伦理的本意，但其为以社会为本位的新伦理观寻求理论支援的意思则是相当明显的。

3 个人本位与社会本位的内在紧张

个人主义与功利主义的人生观在近代中国有很大的市场，特别是严复提倡的“开明自营”思想实在是启发了国人的独立自主意识。但是，如果将这种思想推到极端，则显然有害于社会的进步与发展，于是有了社会本位说的倡导与提倡。然而社会本位似乎又过于无视个人的价值与存在，于是乎近代中国的价值观念的变革便一直存在着个人本位与社会本位的内在紧张。

对于严复开明自营的合理利己主义，人们一般并不反对，只是这种观念过于强调个人利益的至上性和根本性，因而与近代中国的革命任务之间不可避免地存在冲突。革命者为了完成近代民主革命的任务，有时不能不牺牲小我的利益以成全大我。这中间的利益冲突实在难以调和。早年曾坚决主张功利说的章太炎也曾以为一切道德皆始于自利，因为人说到底都是自私自利的。但是他在后来的革命经历中，又逐渐感到这种说法的有害性，于是在提出无道德者不能革命的同时，开始批评严复所宣扬的开明自营思想，批评极端功利主义和极端利己主义。他在《〈社会通诠〉商兑》中说，光复旧邦之为大义，被人征服之可鄙夷，此凡有心者所共审。然明识利害选择趋避之情，孔老以来以此习惯而成儒人之性久矣。会功利之说盛行，其义乃益自固，则成败之见，常足以挠是非，甚者用种种借口为各种不道德的行为进行辩护。一味趋利避害，甚者损人利己，把革命大义弃置不理。这样，革命焉有不败之理。他认为，真正的利己主义一定要建立在民族大义的立场上，离开了民族的根本利益决无个人利益可言。自利性与社会性的结合才是判断善恶的唯一标准，符合个人利益的言行并不一定都是善的，道德的善与恶必须从社会利益的角度来观察和鉴别。离开了社会性便无自利可言，同样，离开了自利性也无社会性可说。故而他坚决反对爱尔维修等人所宣扬的自我保存、追求幸福的个人主义人生观，反对严复的开明自营说，而十分推崇卢梭等人关于权利与义务相统一的思想，并用以解释自利性与社会性之间的关系。他坚决主张个人利益必须受到社会义务的约束，必须有所节制，决不允许为了个人的私利而损害社会和群体的整体利益。他反复强调，只有自利性与社会性的高度统一与和谐，才能算做真正的善，任何利用自利性来排斥个人应尽的社会义务，否认利他的必须性和必要性，或者否认自利的合理性的言论，实际上都应归之于恶。正是这种善与恶的矛盾对立，才是推动社会进步与发展的基本力量。这也是他的所谓“俱分进化论”的基本含义。

在近代中国强调建立社会本位伦理观念最厉害的无疑是孙中山。他致力于中国革命数十年，都是为了争取中国的民族独立与民族解放。他虽然无数次地宣布在共和体制下的人民充分享有言论、信仰、集会、结社等自由，但他差不多每次都重申要坚决防止极端自由化和无政府主义的倾向，强调组织性与纪律性。他不止一次地说过，在今天的中国，自由这个名词并不好随便乱用，并不能真的用到每一个人的身上。如果用到个人，整个中国便成一盘散沙，中国革命的胜利便没有希望。因此，个人不可太过自由。这种自由只能用到国家与社会，只有国家与社会获得了完全的自由与独立，个人自由才能真正实现。而为了这个目的，孙中山一再要求他的追随者要勇于牺牲个人的利益乃至生命，要勇于把自己的自由、平等都贡献出来。显然，这种主张与近代中国的社会发展及由此而来的现代价值取向存在着内在的紧张。

六 现实世界与虚幻世界

近代中国的主要问题应该说是中国面对西方的刺激而引起的自我反省，反省的结果当然是中国向何处去的问题。此时可能有的选择不外乎两种方案，一是固守中国旧有的道路，坚持中国既有的特色走到底；一是学习西方，走上变法图强的道路，争取早日步入现代世界民族之林，完成中国民族的现代转换，使中国充分地世界化和现代化，从而成为现代世界民族大家庭中的一员。前一种观点在近代中国并不是太明显，真正冥顽不化固守中国既有道路的顽固派其实为数甚少，只是由于中国传统的巨大惰性，中国的变革才这样举步维艰。持后一种观点的人在近代中国应该说是绝大多数，但他们所凭借的思想武器并不一致。其中相当多的一部分人，虽然看到西方文化的有用性与合理性，但碍于传统中国人华夷之辨的民族文化心理，这些进步的中国人除了向西方寻求思想武器之外，更愿意借用中国固有的思想文化资源从事变法革新，于是在近代中国出现了一个极为可怪的现象，那就是一大批进步的中国人纷纷向佛教或其他宗教寻求变法、革命的理论依据和思想支援。从龚自珍、魏源到康有为、梁启超、谭嗣同、章太炎等，他们尽管政治观念差异很大，但在利用宗教尤其是佛教进行变法或革命的方面几乎采用了同样的手段和方法。

1 现实世界的不尽如人意

现实世界的重压使近代中国人几乎一直透不过气来。如何改变这种状况，便成为近代中国进步的思想家反复思考的问题。他们觉得佛教的“自尊”、“无畏”思想有助于中国人的自信与进步，于是便不遗余力地提倡用佛教的精神救中国。

即便是康有为这样具有极强入世思想的人，他在近代中国现实环境的重压下，也不得不向宗教走去。作为平民出身的改革者，康有为在从事变法维新的活动中，总是自觉和不自觉地感到势单力薄，他的地位与理想无法与民众需求、欲望完全相结合，无法通过社会底层的变革去推动中国的进步，而只能依靠一个并无实权的皇帝，政治上自然显得很孤立。也正是在这种情况下，康有为需要一种与旧势力相抗争，并能激励自己和自己的战友为变法维新而献身的精神力量。于是他只能向宗教的领域寻求，只能依靠宗教中的那种虚幻的东西来激励别人和增强自己的政治勇气。他通过对古今中外各种宗教的研究，基本认定佛教的思想理论虽然精致，却与中国的国情不太相合，因此，无法像其他思想家所说的那样，直接拿来作为从事变法维新、改造中国社会的思想武器。而他心中所念念不忘的只是建立一种新的宗教，而这种宗教只能是与中国国情紧密相连的孔教。正像梁启超在《南海康先生传》中所描述的那样，“先生之布教于中国也，专以孔教，不以佛、耶，非有所吐弃，实民俗历史之关系，不得不然也”。但是，梁启超也同时承认，康有为对于包括佛教在内的各种宗教思想资源都有相当的吸收，尤其是对佛教。“先生于佛教，尤为受用者也。先生由阳明学以入佛学，故最得力于禅宗，而以华严宗为归宿焉”。

像为了中国的富强而两度出使欧洲探究列国立国之原的杨文会，一方面对当时的民主维新运动深表同情和支持，认为中国世事人心愈趋愈下，再不变法便很难自存于这个世界。凭借中国人的聪明与智慧，中国只要切实从事变法革新，就一定能够赶上乃至超过西方国家。他说，既变法矣，人人争竞，始而效法他国，既而求胜他国，年复一年，日兴月盛，不至登峰造极不止也。另一方面他又认为中国变法自存的思想武器不能仅仅凭借西方的“世间法”之一端，否则不从切实处入手，只是徒袭西方的皮毛，而要充分地运用佛教的济世之方，并使之与世间法相辅而行。

现实世界的不尽如人意是近代中国思想家皈依宗教的一个主要原因。这不仅包括他们在政治上试图进行的变法改良或革命的目的，实际在很大程度上也与他们个人的生命体验或政治处境密切相关，像梁启超可以说是没有多少坚定或始终如一的政治信念和宗教信仰的人，但由于他的政治处境的变化，他一度皈依佛教，以佛教作为逃避政治现实的处所。此点也正像他在《清代学术概论》中所说的那样，社会既屡更丧乱，厌世思想不期而自发生。对于此恶浊世界，生种种烦恼悲哀，欲求一安心立命之所。于是稍有根器者，则必逃遁而皈依佛门。因此，我们看到，梁启超在其早年对于佛教虽有相当的热情和研究，但他那时和谭嗣同等人一样，基本是借用佛教的无畏、无我、威力等概念去鼓励国人从事变法革新。他在1898年所写的《说动》一文中，就是借用佛教的一些基本概念鼓励人们积极从事救亡图存的革新运动。他在《论宗教家与哲学家之长短得失》中宣称，历史上的英雄豪杰，能成大业轰轰烈烈一世的人，基本上都具有浓厚的宗教思想。像日本之所以能够成功地完成维新事业，主要也是因为那些维新人物大都具有宗教思想，大都得力于禅学，从而使他们蹈白刃而不悔，前者仆而后者能继。因此，中国的政治变革能否成功，关键就看中国人能否建立一种新的有用的宗教，以为中国政治变革的精神力量。

然而到了他的晚年，由于政治上的失意，他不得不宣告政治上的隐退，而专心于学术。他此时对佛教的倾心主要是想在佛教中寻找精神寄托，寻求安心立命之所。他在这个时候所强调的无我便只是要否认“我”之存在，以为我只不过是心理过程中的一个幻影，“求其实体，了不可得”，并将这种无我作为正确的人生观和世界观到处推销，以为一个人最完美的人生观莫过于使自己达到这种无我的精神境界。要求人们做事不必计较成败得失，要把一切都看成是不存在的，世界上本无我之存在，能体会此意，则自己做事，其成败得失便不会怎样计较了。这样就能将我的私心彻底扫除，即将许多无谓的计较扫除，使之归于无烦恼的清静状态。这便是最完美的人生观。

2 重建新宗教的诸多努力

现实世界的不尽如人意，迫使人们向宗教、向未来世界寻求安慰，这是近代中国思想家的普遍现象。像谭嗣同虽然具有冲决网罗的精神和勇气，虽然能够提出建立没有压迫、人人平等的大同世界的未来社会模式，但是他总感到现实的中国不可能实现他的这些理想，于是他只好求助于宗教。谭嗣同对于宗教尤其是佛教确实下过一番工夫，他的《仁学》一书自始至终都贯穿着一种浓厚的宗教特别是佛教的气息。他把佛教的教义阐释为人人平等，并以此作为改革现实中不平等的等级制度和等级伦理观念的理论依据。他在《仁学》一书中写道，印度社会原为一种极不平等的社会，所有的人都根据其出身而分成四个等级。到了佛教创立之后，佛教的平等观念才真正建立，“佛出而变，世法曰平等，出世法竟愈出天之上矣，此佛之变教也”。在他看来，佛教的平等原则极为彻底，如果按照佛教的原则，则君臣父子夫妇兄弟皆属天亲，都应该出家受戒，其相互之间的关系也都类似于朋友的关系。“无所谓国，如一国；无所谓家，如一家；无所谓身，如一身。”基于这种判断，谭嗣同便自然主张以佛教的精神和原则来改革中国社会的结构和社会伦理。他后来之所以抱定不惜“杀身灭族”的信念而投身于中国的政治变革，并愿以自己的行为去激励后来人，用自己的鲜血去为维新运动谱写极为悲壮的一幕，除了他对民族国家独立富强的坚定信念和执著追求外，在很大程度上正是受到佛教“无我”、“无畏”精神和道德力量的感召。

梁启超不仅在其重要的理论著作中充分吸收佛学的思想要素，而且专门著有《佛学研究十八篇》等，以为佛教精义之所在是其“威力”、“奋迅”、“勇猛”、“大无畏”、“大雄”等。在他看来，中国的政治变革只有充分利用佛教的这种“大无畏”的精神，才能造就一大批敢于舍生忘死、敢于为理想而奋斗的政治家，中国的未来才有真希望。

在近代中国重建新宗教的诸多努力中，章太炎的思想见解颇具特色。他出于革命过程中诸多艰难的切身体会，真诚地以为要培养革命的道德和理想的人格，一定要靠宗教。为此，他专门著有《五无论》、《建立宗教论》等。他指出，德性的形成与信念相互联系，而信念素来都是靠宗教来培养。因此，他在思考如何造就中国人的爱国热情时明确强调，要用宗教发起信心，增进国民的道德水准。因为如果没有宗教，比如一碗面粉，没有水，如何能团得成面？他根据佛教中“自贵其心，不依他力”的教义，提出“依自不依他”

的思想观念，主张发扬佛教“头目脑髓都可施于人”的自我牺牲精神和勇猛无畏、排除生死的气概，鼓励人们起而反抗清王朝的政治统治，打破外国势力强加在中国人民头上的枷锁。

然而，在以什么样的宗教来培养、增进中国人的德性问题上，章太炎既反对用孔子的宗教，也反对用西方的基督教，而主张用佛教。他认为，只有佛教不持一己为我，而以众生为我，以普度众生为念。因此，它有助于培养革命者无私、无畏的牺牲精神，有助于促进德性的进化。

在佛教的各种教派中，章太炎格外看重法相、华严二宗，以为华严宗所说，要普度众生，头目脑髓都可施舍于人，在道德的建设上最为有益。至于法相宗所说，就是万法唯心，一切有形的色相，无形的法尘，总是幻见幻想，并非实在真有。革命者如果具有这种信仰，才真正能够做到勇猛无畏，众志成城，方可干得事来。所以他反复强调，提倡佛教是为了改良社会道德起见，因而重要。如从为我们革命军的道德建设上考虑，当然就显得格外重要。这一点正与其建立革命之道德的主张极为一致。

显然，章太炎提倡宗教的主张与近代中国重建新宗教的诸多努力在根本宗旨上并不一致。他的目的并不是要人们逃避现实，皈依佛门，而是为了革命斗争的现实需要，是为了建立新道德。然而，他的这种主张在当时并不易被人们所理解，反而使许多革命党人感到相当困惑。他们以为佛教之学非中国所常习，虽上智之士，犹穷年累月而不得，何况一般的国民正处于水深火热之中，哪有心思去学这迂缓之学以收成效呢？对此，章太炎的解释是，光复中华，必我势力相当，而优胜劣败之见既深入人心，非不顾利害，蹈死如饴者，则必不能以奋起，更不可能持久进行下去。而佛教，尤其是佛教中的法相、禅宗等自贵其心，不依他力，其术可用于艰难危机时刻，正有利于培养和造就这样一种不顾利害、蹈死如饴的奋斗精神。显然，他的用意是以宗教唤醒民心，唤起中国人的爱国热情。

3 新宗教何以建立不起来？

由于近代政治现实的特殊性，中国人的意义世界和精神象征日趋衰微。当此时，中国人如果真的能够建立一种新的宗教似乎也并不是一件坏事。可惜，近代中国思想家建立新宗教的努力无一人获得成功，其何以故？

在近代中国建立新宗教的诸多努力中，毫无疑问最真诚、最卖力气的是康有为试图建立新孔教。他不仅对此有相当多的理论阐述，而且确实着手进行了建立教会的工作。然而，由于中国历史文化的特殊性，由于当时中国问题的迫切性，康有为的这些努力也只能付诸东流，并不可能成为现实。那么究竟是什么原因使这种建立新宗教的努力无法成为现实呢？欲明了这一问题不妨从康有为建立新宗教的活动说起。

康有为久有建立新孔教的企图。早在变法维新的准备时期，康有为著书立说，讲学传道，实际上都是在利用孔子的权威，通过对孔子思想精义的重新阐释，塑造一个新的教主。据他1913年11月致北京孔教会电自述，早在中法战争开始之际，他就仔细地考察万国教俗，“独居深念，中夜涕零，深虑据乱世之经说，大教将坠于地，乃发大同太平之新教。至戊戌开孔教会，曾上奏”。他在《孔子改制考》中，专门写有《孔子创设儒教考》，以为凡大地教主，莫不改制立法，而作为儒教的教主，孔子也确曾创立一套完善的礼仪制度，以行之天下，改易风俗。在康有为的塑造下，孔子一改过去保守的政治形象，而变为近代中国一位开放的、进取的，具有开拓精神的新教主。只是当时，康有为正忙于维新变法的政治实践，自然无暇从事建立新宗教的实际活动。

变法运动失败后，康有为流亡国外十几年，终于迎来了辛亥革命的成功。按理说，辛亥的结果虽与康有为的想法相差太远，但其推动中国进步与发展的目标毕竟还算一致，至少在主观企图上都是为了中国的现代化。然而由于辛亥革命的政治准备、组织准备不太充分，革命之后给社会秩序所带来的暂时结果确实相当严重。在这种情况下，康有为又想到了他的新孔教，希望通过建立新孔教，既为中国人寻求一个新的安身立命之所，也为革命后社会秩序的失范提供一政教分离的新的模式。他的深层用意是，政治的变革既已不可避免，那么应该为政治变革之后的社会寻求一种新的道德教化方式。他在1912年6月所著的《中华救国论》中设想“今则列国竞争，政党为政，法律为师，虽谓道德宜尊，而政党必尚机权，且争势利，法律必至诈伪，且无耻心，盖与道德至反。夫政治法律，必因时地而行方制，其视教也诚，稍迂阔而不协时宜，若强从教，则国利或失，故各国皆妙用政教之分离，双轮并驰，以相救助，俾言教者，极其迂阔之论以养人心，言政者权其时势之宜以争国利，两不相碍，而两不相失焉”。也就是说，康有为此时提倡以孔教救中国的深意是为了给中国寻求一个政教分离的新模式。于是草创序例，寄门人麦梦华、陈焕章等人，命他们在上海成立孔教会。

根据康有为的意图，陈焕章在上海与当时的知名学者沈曾植、朱祖谋、梁鼎芬等五六十人，于1912年旧历八月二十七日孔子诞辰日联合发起成立孔教会，号召人们“效忠素王，报恩教祖”，“以讲习学问为体，以救济社会为用，仿白鹿之学规，守兰田之乡约，宗祀孔子以配上帝，诵读经传以学圣人，敷教在宽，借文学语言以传布；有教无类，合释、老、耶、回而同归。创始于国内，推广于外洋，冀以挽救人心，维持国运，大昌孔子之教，聿昭中国之光”。

孔教会的成立，出于康有为的建议，于是在成立之初，陈焕章就致函康有为，请其为孔教会作序。康有为欣然答应，遂撰写了1500余字的序文。他在序中说，“中国数千年来奉为国教者，孔子也。大哉孔子之道，配天地，本神明，育万物，四通六辟，其道无乎不在，故在中古，改制立法，而为教主，其所为经传，立于学官，国民讼之，以为率由，朝廷奉之，以为宪法……惟今者共和政体大变，政府未定为国教，经传不立于学官，庙祀不奉于有司，向来民间崇祀孔子，自学政无过乎尊孔子，停禁民间之祀，于是自郡县文庙外，民间无祀孔子者。夫民既不敢奉，而国又废之，于是经传道息，俎豆礼废，拜跪不行，衾缨并绝，则孔子之大道，一旦扫地，耗矣哀哉！”接到这篇序文之后，陈焕章“妄嫌其简短，再请其更作一篇”。于是，康有为再作《孔教会序二》一篇长文，充分阐释他对成立孔教会的基本看法。与此同时，他还在他主编的《不忍》杂志上发表《以孔教为国教配天议》等一系列文章，主张以孔子配上帝，以孔教为国教。

在康有为、陈焕章等人的竭力鼓吹下，全国尊孔的气氛渐浓。1913 年 6 月 22 日，袁世凯以大总统的名义下令全国学校祀孔。他说，“天生孔子为万世师表，既结皇煌帝谛之终，亦开选贤与能之始，所谓反之人心而安，放之四海而准者……本大总统维持人道，日夜兢兢，每于古今治乱之源，政学会通之故，反复研求，务得真理，以为国家强弱存亡所系，惟以礼义廉耻之防，欲遏横流，在循正规，总期宗仰时圣，道不虚行，以正人心，以立民极，于以祈国于无疆，巩固共和于不敝。”他正式将孔子的教义作为官方意识形态之一。

1913 年 9 月 24 ~ 30 日，孔教会第一次全国代表大会在阙里召开，各省代表云集曲阜。会议决定将在上海暂时设立的孔教会总会迁往北京，并决议推举康有为出任总会会长，主持一切。同年11月2日，设立孔教会事务所，推陈焕章、姚文栋、姚丙然、李宝沅、麦梦华为干事员，具体负责会务工作，并将陈焕章主编的《孔教会杂志》转为孔教会的机关报。

陈焕章主编的《孔教会杂志》月刊创办于1913年2月，停刊于1914年1月，前后共出版2期。每期刊有图画、论说、讲演、学说、政术、专著、孔教新闻、各教新闻、本会纪事等栏目。由于此刊的作者多为当时中外学术界的名流，如衍圣公孔令贻、王闿运、康有为、严复、廖平、劳乃宣、李佳白、古德诺等，因而在当时影响颇大，实为辛亥之后鼓吹尊孔复辟的大本营。

孔教会为了谋求在全国的发展，在正式成立之后即迅速向大总统袁世凯、教育部、内政部寄送《孔教会公呈》，要求取得合法的地位。1913年12月23日，教育部批准了孔教会的申请，同意立案。翌年1月7日，内政部也批复同意。在孔教会取得合法地位之后，他们开始按照康有为的设计，确定各府设立分会，县设支会，乡设乡会，各国有信从孔教者也应设立孔教会。各乡满百数十人者均应设立孔庙，设传孔教的讲师，于每星期日，乡里男女老幼沐浴更衣后到孔庙拜孔听讲经。一时间全国尊孔读经的叫嚣声甚盛。

1914年2月，袁世凯再次通令全国，从中央到地方一律举行祀孔典礼。以孔道维系人心已不再是学理的探讨，而是具有政治实践的意义。再后来，孔教会与帝制复辟的政治活动连在一起，更遭到人们的严厉批评。待帝制复辟失败后，康有为只好于 1918 年请辞孔教会会长的职务。尊孔的闹剧至此基本结束，康有为建立新宗教的努力也就随之付诸东流，仅仅留下一些供人谈笑的话柄。

通观康有为建立新宗教的全过程，我们不难感到其良苦用心确实令人同情。当一个社会处于转型过程中的时候，适度地提倡一些旧的道德观念来维系人心，整合社会似乎并没有大错。问题在于康有为不识时务地将学理的探讨化为政治实践，结果便自然走向其主观目的的反面。从这个意义上说，康有为建立新宗教的企图并无大错，错就错在他不应该将不成熟的主张这么快地运用于政治实践。学理与政治实践之间必须保持适度的距离，这是近代中国伦理道德观念重建过程留给我们的一个重要启示。

七 文化断层与道德真空

辛亥革命虽然在一夜之间获得了政治上的成功，中国终于抛弃了君主专制的政治体制而实行民主共和。然而遗憾的是，中国政治并没有从此走上正轨，军阀擅权，武人专政，中国在推翻了清朝皇帝之后，权威的信仰丧失殆尽，中华民国仅仅剩下一幅空招牌。

1 两极思维之局限

权威信仰的危机，是当时急剧变化的政治形式下的必然产物。千百年来，中国人习惯于在圣明天子皇恩浩荡的荫庇下生存。“国不可以一日无主。”旧的皇帝推翻了，新的权威建立不起来，一般国民如丧考妣，社会精英一筹莫展。人们不仅开始怀疑辛亥革命是否必要，而且开始怀疑中国人在建设现代化的道路上，是否真的应该像革命前人们所宣扬的那样一定要废弃旧有的道德伦理观念？

在当时，西方的新思想、新文化虽已逐步传入中国，有些如进化论也确实已为中国人所接受。但是，从中国社会的整体情况来考虑，西方的新思想、新文化似乎还不足以从根本上解决中国问题，中国社会的经济、政治条件似乎也还不足以使中国全盘承受和消化西方的新思想、新文化。中国问题的真正解决，似乎还有待于从中国固有文明中汲取养料、寻求智慧。准确地说，中国需要的除了急剧性的政治变动外，恐怕更需要“古道之复兴”，“新知与旧学，二者殆必不可离矣”，“中国之新命必系于孔教”。持这种观点的不独中国的旧人物，也是当时对中国事务有所了解的国际人士的一般看法。于是当1912年中国一批守旧的人士建立孔教会的时候，在华的外籍人士如李提摩太、李佳白等人立即予以响应和支持。他们中的一些人不仅参加孔教会，而且著文鼓吹当时的中国只有儒家精神或孔子的宗教可以重新整合社会秩序。他们说，君主民主不过是名目之分，无关宏旨。中国政治的发展前途在于尊重孔子的精神，互相和合，互相敬爱，互相劝勉，互相辅助，建立稳定而又有序的社会，以防社会之骚动兴起。“中国欲改良政治乎，舍孔道未由矣。”以孔教重新整合中国社会，不仅可以有效地防止过激的暴力行为，避免社会动荡不安，而且有助于培养民德，使人民早进于善良矣。孔教与中国人社会政治或精神上之进步，决不相仿。在他们看来，孔子的精神代表了人类发展某一阶段的共同理想，以科学技术及博爱之法制论之，则西方之进步较高，而东方只当效法而已。但若论及修己之学，自得之乐，自制之严，能知乎所谓幸福者，乃身心性命之事，而无所待于外，此则西方之普通人，不能不学于东方之同胞矣。不仅中国人万万不可自弃其圣人孔子，即使未来的欧洲也必将皈依于孔子的教化之下。

至于国内的一般旧派人物，更是出于辛亥革命之后的切身感受，愈加推崇孔子的思想。他们不仅成立孔教会等名目繁多的学术团体，而且多次向国会请愿，要求定孔教为国教，以孔子配上帝。尤其是康有为，他在当年创办《不忍》杂志，以当代孔子自居，声称孔子之道本之于天，凡普天之下万国之人，虽欲离孔教然而须臾不能也。夫人有耳目心思之用，则有情欲好恶之感，若无道德以范之，幽无天鬼之畏，明无礼纪之防，则暴乱恣睢，何所不致？专以法律为治，则民作奸于法律之中；专以政治为治，则民腐败于政治之内。率苟免无耻暴乱恣睢之民以为国，犹雕朽木以抗大厦，泛胶舟以渡远海，岂待风雨波浪之浩淘涌哉？在康有为看来，为了有效地阻止邪说流行、堤防尽决，最主要的也是最关键的就是要设法使纲常名教等中国数千年圣圣相传之国粹树为立国之大本，有之则人，无之则兽，崇之则治，蔑之则乱。似乎道理万千，唯有孔子的思想才能够救中国。

在当时，不仅像康有为那样的守旧人士提倡以孔子的纲常伦理救中国，那些早年热情鼓吹西方新思想、新观念的新人物，如严复也开始回归旧的阵营，热情鼓吹中国旧的道德伦理观念才是解决中国问题的灵丹妙药。他说，“鄙人行年将近古稀，窃尝究观哲理，以为耐久无弊，尚是孔子之书。《四书》、《五经》，故是最富矿藏，惟须改用新式机器发掘淘炼而已。”

如果仅仅将孔子作为新权威的象征，将尊孔作为学理上的探究，问题并不至于怎样复杂，那些尊孔者的心理也容易为后人所理解，他们的言行不至于被视为“复辟倒退”的丑行。无奈那些尊孔者从一开始就没有想过将孔学限定在学理的范围，特别是康有为，毕生所言所行都似乎受孔子的重托，以孔子之道拯人民于水火之中。他一贯将学术上的探讨与政治上的追求合二为一，夸大二者之间的联系，混淆二者之间的区别。以不成熟或不完善的学术成果施于现实政治，这既是康有为一班保守主义者的惯用手法和失败根源，也是近代中国政治激进主义者的基本特征，归根结底是近代中国社会机制发育不成熟的必然结果。

文化保守主义者并不仅仅满足于鼓吹以孔子之道拯救人心。他们在提倡尊孔读经、定孔教为国教的同时，在政治上支持袁世凯的帝制复辟行为，筹组筹安会，将学理的探讨不恰当地运用于政治实践，结果导致中国再一次陷入政治崩溃的边缘。

2 伦理觉悟：中国人之最后觉悟

回想辛亥之后几年的中国政治变动，不难看出每每与中国的政治前途密切相关，而关于中国政治前途的每一种方案，又几乎都与中国传统社会和文化有着直接的因果关系。从康有为到章太炎、到严复，从杨度到袁世凯，当时思想文化界、政界几乎无不因中国政局的急剧变动而发生信仰危机。那就是西方思想文化虽然较中国传统思想文化进步得多，但几十年的实践证明，除了给中国带来一些物质性的文明成果以外，更多的则是带来混乱和社会失序。欲克服这种信仰危机，看来还得求助于中国传统文化，求助于孔子精神、儒家精义，尤其是儒家伦理。

在康有为、章太炎、严复、杨度等几乎所有的学术界的权威看来，中国社会在辛亥之后几年的动荡不安，显然与中国民族精神的丢失密切相关。而另一派学者，主要是一些在学术界尚名不见经传的后辈青年，持论则与老辈学者刚好相反。易白沙在《孔子平议》中指出，孔子的学说是帝政主义，儒家思想的精义在于谗谀帝王，以维护一己之私利，与共和精神根本不相容。

鲁迅在1918年发表的《狂人日记》，更是以现实主义的态度，以艺术的形式无情地撕去中国传统社会的假面具，猛烈地抨击传统社会的宗法家族制度和吃人的礼教。他写道："我翻开历史一查，这历史没有年代，歪歪斜斜的每页上都写着'仁义道德'几个字。我横竖睡不着，仔细看了半夜，才从字缝里看出字来，满本都写着两个字是'吃人'。"他在后来所作《坟·灯下漫笔》中还指出，"大小无数的人肉筵宴，即从有文明以来一直排列到现在，人们就在这会场中吃人、被吃，以凶人的愚妄的欢呼，将悲惨的弱者的呼号遮掩，更不消说女人和小儿了"。由此，我们不难感觉到鲁迅对儒家伦理充满怎样的反感。鲁迅的旗帜之所以在现代中国赢得那么多的支持和共鸣，一个最重要的原因就是他对中国传统伦理持一种毫不妥协的批判态度。除了那些艺术性的揭露和讽刺外，鲁迅在一些论文中更是对中国传统伦理观念中的重要概念，如忠孝、节义、三纲五常等进行了严厉的批判和谴责。

继鲁迅之后，吴虞更是明确提出要打倒孔家店，他以为中国自秦汉以来，以愚民为政治之上策，这实际上是基于儒家所谓“民可使由之，不可使知之”的统治路线，结果给中国带来了极大的灾难。中国千百年来的最大失误，就在于没有造成完全之国民，政府政策虽有时适乎时势之需要，而一国人民之智识能力却不足以应之。就拿民主共和制度来说吧，如中国这样简单之社会，则无以造完全之国民，仅靠这样的国民素质又怎能建设真正意义上的民主共和制度呢？在他看来，任何政治制度的选择，必须与该社会民众的一般知识水平大体一致，其民愈智者，其国愈尊；其教愈博者，其化愈优。中国当前最大的问题，似乎不是在君主立宪或民主共和之间选择，而是在于提高民众觉悟，去壅塞尔格之弊，若手臂之相为用，而后可收富强之效。这样，吴虞基于对中国历史文化的分析，得出和严复、梁启超等人同样的结论，即开民智。

严复、梁启超的所谓开民智，立足于提高民众的文化素质。而吴虞则是以开民智为前提，对千百年来的统治思想即儒家思想、道德伦理文化进行严厉的批判和指责。他指出，天下大患有两个最致命的问题，一是君主专制，一是教主专制。君主之专制，钳制人之言论；教主之专制，禁锢人之思想。君主之专制，极于秦始皇之焚书坑儒，汉武帝之罢黜百家；教主之专制，极于孔子杀少正卯，孟子之拒杨墨。一个国家的学术思想状况如何，犹如一个人的精神状态，没有新思想和新言论，国家便无从兴盛。因此，吴虞格外向往思想自由之风潮。

基于这样的认识和吴虞特殊的家庭背景，他在1910年即发表《家庭苦趣》一文，不仅揭露乃父的丑恶行为，而且进一步认识到乃父的丑恶行为实乃孔教之力使然，从而进一步坚定了他对儒家伦理的批判态度。他指出，在儒家精神的影响下，中国偏于伦理一方，而法律也只是根据一方伦理以为规定，于是为人子者，无丝毫权力之可言，唯负无穷之责任。而家庭之沉郁黑暗，十室而九，人民之精神旨趣，半皆消磨沦落极热严酷深刻习惯之中，无复有激昂发越之概。其社会安能发达，其国家安能强盛乎？正是这种强烈而又直接的刺激，使吴虞对家族制度进行了全面而深刻的清算。他认为，中国之所以两千年来停滞于宗法社会而不能前进，推原其故，实为家族制度所造成的恶果。家族制度强调贵贱等级，推崇忠孝节义，并把孝的观念推而广之，用之于整个社会，它看重的不是人人生而平等的原则，而是先天性的不平等。因此，在中国历史上，家族制度与专制政治，遂胶固而不可分析。儒家以孝悌二字为基本精神的伦理观念也为两千年来之专制政治与家族制度联结之根干而不可动摇。

在吴虞看来，中国传统社会中与忠孝观念相得益彰，有功于历代统治者的莫过于儒家所倡导的“礼”。他认为，忠孝观念是要求人们进行自觉的道德反省，而礼或儒家所倡导的礼教则是带有某种强制性的道德规范。他吸收鲁迅对中国传统文化的批判，指出如果将儒家的礼教精神推到极点，便非杀人吃人不算成功。他在《吃人与礼教》一文中说，我们中国人，最妙的是一面会吃人，一面又能够讲礼教。吃人与礼教，本来是极相矛盾的事，然而他们在当时的历史上，却认为是并行不悖的，这真是奇怪极了。一部历史里面，讲道德说仁义的人，时机一到，他就直接间接地都会吃起人肉来了。就是现在的人，或者也没有做过吃人的事，但他们想吃人，想咬你几口出气的心，总未必打扫得干干净净！因此，到如今，我们应该觉悟，我们不是为君主而生的！不是为圣贤而生的！也不是为纲常礼教而生的！什么“文节公”呀、“忠烈公”呀，都是那些吃人的人设的圈套来诓骗我们的！我们如今应该明白了！吃人的就是讲礼教的，讲礼教的就是吃人的呀！

吴虞对儒家道德伦理观念的批判和排斥达到了中国历史上前所未有的状态。然而，对中国道德伦理观念未来应走的方向即新的价值取向，他并没有来得及认真思考。他虽然相当钟情于西方近代的文明与共和制度，但民元以来的实际发展似乎又使他对西方的思想文化产生了相当的怀疑与隔膜。因而在他的心目中，排斥儒家道德伦理观念之后的中国伦理价值取向的真空地带不应用西方的价值观念来替代，而是应当用墨家学说和老庄之道来填补。结果，原本激进的非儒主张并未得出什么更为先进的结论，中国还需按照旧有的轨道发展，中国的伦理价值取向只是以墨家学说、老庄之道代替儒家精神。

吴虞对儒家伦理的批判没有得出积极的结论，但他那大胆的精神和勇气确实在当时的中国思想学术界引起极大的反响。胡适、陈独秀等人将他引为同道，并在他思考的基础上继续前进一步，指出中国伦理应该走的方向。胡适认为，中国旧伦理的根本错误在于遏制人性的自然流露，诸如“饿死事小，失节事大”的观念，分明是一个人的偏见，然而八百年来竟成为“天理”，竟害死了无数的妇人女子。又如宋儒罗仲素说，“天下无不是的父母”。这也明明是一个人的私见，然而八百年来竟也成为“天理”，遂使无数做儿子的，做媳妇的，负屈含冤，无处申诉！所以胡适格外推崇戴震对宋明理学的批判，真诚地以为“以理杀人”确实比“以法杀人”还要残酷。他指出，中国伦理的发展方向应该是提倡一种科学的人生观，即健全的个人主义、自然主义的人生观。主张个人须充分地表达自己的天才性，需要充分地发展自己的个性，务必努力做一个人。他格外颂扬因觉悟自己也是一个人而抛弃丈夫儿女离家出走的娜拉，并引易卜生的话说，只有把自己铸造成器，方才可以有益于社会。他认为这才是最健全的个人主义，也是最有价值的利己主义。这样才能像斯铎曼医生那样，永远不会满足于现状，敢于对现存社会中的一切腐败情形说老实话，敢于持一种严厉的批判态度。

至于自然主义人生观，胡适又称之为科学的人生观。它的基本含义有十个要点，即一是根据天文学和物理学的知识，使人知道空间的无穷之大；二是根据地质学及生物学的知识，使人知道时间的无穷之长；三是根据一切科学，使人知道宇宙及其中的万物运行变迁都是自然的，是自己如此的，用不着什么超自然的主宰或造物者；四是根据生物的科学的知识，使人知道生物界的生存竞争的浪费与残酷，因此，可以使人明白那“有好生之德”的主宰的假设是不能成立的；五是根据生物学、生理学、心理学的知识，使人知道人不过是动物的一种，他和别的动物只有程度的差异，并无种类的区别；六是根据生物学的科学及人类学、人种学、社会学的知识，使人知道生物及人类社会的演进的历史和演进的原因；七是根据生物的及心理的科学，使人知道一切心理的现象都是有因的；八是根据生物学及社会学的知识，使人知道道德礼教是变迁的，而变迁的原因都是可以用科学方法去寻找出来的；九是根据新的物理化学的知识，使人知道物质是不死的，是活的，不是静的，而是动的；十是根据生物学及社会学的知识，使人知道个人即小我是要死灭的，而人类即大我是不死的，不朽的。使人知道“为全种万世而生活”就是宗教，就是最高的宗教，而那些替个人谋死后的天堂、净土的宗教，乃是自私自利的宗教。为此，胡适更进一步提出社会不朽论，以诠释和补充其自然主义的人生观。

在易白沙、吴虞、鲁迅、胡适等人对中国传统伦理批判的基础上，陈独秀总结到，对儒家伦理的批判确实是中国人几十年来的重要觉悟，是西学东渐以来“吾人最后之觉悟”。他说，“自西洋文明输入吾国，最初促吾人之觉悟者为学术，相形见绌，举国所知矣；其次为政治，年来政象所证明，已有不克守残抱缺之势。继今以往，国人所怀疑莫决者，当为伦理问题。此而不能觉悟，则前之所谓觉悟者，非彻底之觉悟，盖犹在惝恍迷离之境。吾敢断言：伦理的觉悟，为吾人最后觉悟之最后觉悟。”

道德真空与无道德

陈独秀所谓中国人的伦理觉悟才是真正的最后觉悟的说法，其含义就是强调中国人应该放弃旧有的儒家伦理，而认同西方现代价值观念，即以个人为本位的道德学说。他指出，中国传统伦理观念向以儒家三纲五常之说为之大原，共贯同条，不可偏废。三纲之根本精神为维护等级制度，所谓名教，所谓礼教，皆不外乎拥护此别尊卑明贵贱的等级制度。而共和立宪制，则以自由、平等独立之说为根本精神，与等级制度完全相反，与纲常名教绝不相容。因此，在陈独秀看来，欲在中国确立共和制度和共和观念，首要的任务便是要坚决排斥儒家的三纲五常，决不能以侥幸的心理希冀政治上采用共和立宪制，而在伦理道德观念上采用保守的三纲五常等级观念。他说："盖伦理问题不解决，则政治学术，皆枝节问题。纵一时舍旧谋新，而根本思想未尝变更，不旋踵而仍复旧观者，此自然必然之事也。"这无疑是现代中国最需要的。

然而问题在于，陈独秀的这种说法在理论上虽然正确无误，但由于中国社会实际状态的制约，中国在民元之后的社会实况却是由于个人主义的盛行而导致社会道德水准的整体下降。康有为在辛亥之后所著的《中华救国论》中痛心地写道："今共和数月矣，所闻于耳、触于目者，悍将骄兵之日变也，都督分府之日争也，士农工商失业也，小民之流离饿毙也，纲纪尽废，法典皆无，长吏豪猾，土匪强盗，各自横行，相望成风，搜刮则择肥博噬，仇害则焚杀盈村，暗杀则伏血载途，明乱则连城陈战，抢掠于白昼，勒赎于大都，胁击于公会，骚乱于城市，以至私抽赋税，妄行无辜，兵变相望，叛立日闻，莫之问也……号为共和，而实为共争共乱；号为自由，而实为自死自亡；号为爱国，而实为卖国灭国。"一句话，中华民国实际上名实不符，徒有其名而无实，这种共和国既不是中国人的理想追求，当然也不可能解决中国所面临的实际问题。

康有为的说法虽然包含对共和制度的不满、敌意和偏见，但他所揭露的那些事实却是当时社会一般公众都不同程度地有所认识、有所直接体验的。蔡元培于 1918 年在《北大进德会旨趣书》中也说，自从袁世凯时代以来，中国的社会风气已被严重破坏，收买议员，运动帝制，攫取全国之公款，用之如泥沙，无所顾忌，狂赌狂嫖，一方面存在侥幸心理，一方面且用钻营之术，谬种流传，迄今未已。尤其是在江浙一带发达地区，情况更是如此。那里大凡在教育界、实业界崭露头角者，几乎没有一个不带有什么劣迹的人。更为可怕是，在中国历朝历代之浑浊之世，总还有一些清流志士起而与之抗争，如东汉之党人，南宋之道学，晚明之东林，等等。然而现在则众浊独清之士绝少，即便有，也基本不敢起而抗争，最多只是洁身自好而已。

也正是在这种道德真空和无道德的历史条件下，蔡元培起而倡导新道德运动，提倡砥砺德行，培养个人的高尚道德情操，以期转变社会风气，重建中国人的价值和道德伦理观念。他于 1918 年在北京大学发起进德会，以期以教育为手段，提高国民的道德水平，培养国民完全的、高尚的人格，以建立理想的国家。在蔡元培看来，所谓完全的人格就是德、智、体、美的全面发展，而德育又实为完全人格的根本。如果一个人没有起码的道德水准，即便他有健强的体魄、高度发达的智力，那也只会助其作恶，而无益于社会，甚者可能给社会带来的危害更大。

那么怎样才能培养国民完全的和高尚的理想人格呢？蔡元培认为，首要的问题在于树立一种现代价值观念，在于尊重人的个性，发挥人的自觉性，着重培养学生的自治能力和自治精神，而不要以个人的意志去改变学生的个性。其次，道德的培养不是单单凭借道德教科书或一些道德箴言就能奏效的，关键在于实行。如果一个人仅仅记住那些道德戒律而不去实行，那么无疑是言行不一，甚或是满口的仁义道德，实际上行的是男盗女娼。

面对道德真空与无道德的现状，蔡元培所要建立的新道德标准既不是旧道德的复活，也不是完全照搬西方的道德伦理观念及价值标准，而是在糅合东西方道德伦理已有成就和学说的基础上建立新的道德伦理观念。这一点在蔡元培的伦理学说中表现得相当明显。他既高举资产阶级自由、平等、博爱的大旗，以此作为现代公民道德的纲领，也对中国传统伦理尤其是儒家的道德伦理观念如忠、恕、仁、义进行批判性的吸收和采纳，表现出相当明显的折中调和倾向。

蔡元培道德伦理观念中最具特色的是他首先提出的以美育代宗教的主张。他认为，道德观念的培养决不能仅仅凭借道德的说教，而要给人一种美的感受。美感教育是重建世界观的重要途径。因为在他看来，人生处世，实均以自私自利为前提、为原则，只有美的教育可以使人物我两忘，超越人我之利害之界限，而臻于大同。美的两大特性是普遍性与超脱性，普遍性是说，一切美的东西如山水花鸟，风景名胜，人人都可视听玩赏。凡是美的东西不会因为个人的感觉而变质或不美。这样，可以破人我彼此的偏见，个人就容易感到与众人共欢乐的意义和价值，此即所谓独乐乐不如与众乐乐。至于美的超脱性，按照蔡元培的解释，即美只能给人以精神的满足，而无实际的物质利益，可以破生死利害的顾忌。从而陶冶德性，使人们的道德水准日趋高尚，并最终成为富贵不能淫、威武不能屈、贫贱不能移的仁人志士，以为国家民族的需要而献身。

蔡元培的努力可以在北京大学一个学校发挥作用，但并不可能在全社会起到多大的影响。特别是在中国政治生活并没有走上正轨的情况下，个别的清正廉洁之士并不能改变历史的进程。后经轰轰烈烈的国民革命以及国共两党的分裂，社会风气更是江河日下。陈立夫在《新生活运动之理论与实际》中说，轰轰烈烈的国民革命运动遗留下许多不好的社会风气，如养成了败坏的道德，为礼义所不许的行为。即便是国民党内部也常有一些无谓的纷争，而社会更无法走上有秩序的道路。也可能正是出于这种考虑，国民党于是在建立南京国民政府之后，迅即发起新生活运动。这一运动除了具有反共的目的外，并不应完全排除其挽回人心、重建社会秩序的功能和意义。

八 革命道德与道德革命

由于近代中国问题的复杂性，政治革命与伦理革命几乎同步进行，因而在怎样从事革命、哪些人及具有什么样的道德水准的人才有资格从事革命的问题上一直存在争论。

1 革命者需要什么样的道德？

最先提出革命与道德之间存在相互因果关系的是章太炎。他在长时期的革命实践中深感革命者的个人素质是革命能否成功的关键。他以为，革命实是一件极为艰苦危险的事情。革命者如果没有相当的道德水准和道德素养，革命便很难获得成功。因此，革命者内部彼此之间不能存在丝毫的猜疑心，而应精诚团结，革命者更不可能存在丝毫的富贵利禄之心。他在 1906 年所写的《革命之道德》一文中反复强调，革命者必须具有良好的道德水准，无道德者不能革命，尤其是对那些革命的领导者而言，更为如此。他说，方今中国之所短者，不在智谋而在贞信，不在权术而在公廉。

且道德之为用，非特革命而已，事有易于革命者，而无道德也不可就。像轰动中外的戊戌变法之所以失败，庚子年间自立军起义之所以难以成功，在章太炎看来，一个最重要的原因就是像谭嗣同、杨深秀那样“卓厉敢死”之士太少，他如林旭、杨锐等人素佻达，颇圆滑知利害，耽着利禄，而无赤心变法之志，以这样的人去主持变法，焉有不败之理？至于庚子之役，康有为以其事嘱唐才常，而唐素不习外交，又日狎妓不已。通观近代中国这两次重大事变，章太炎以为皆是革命者自身没有道德所致。“彼二事者，比于革命，其易数倍，以道德腐败之故，犹不可久，况其难于此者。”有鉴于此，章太炎以为欲改变革命者无道德的情况，必须按照顾炎武提出的振兴道德的三条方法进行。一是知耻。人不可以无耻，无耻之耻，无耻矣。士大夫之无耻，国耻也。二是重厚。君子不重则不威。言轻则招忧，行轻则招辜，貌轻则招辱，好轻则招淫。三是耿介。尧舜所以行出乎人者，以其耿介。同乎流俗，合乎污世，则不可与入尧舜之道矣。非礼勿视，非礼勿听，非礼勿言，非礼勿动，是之谓耿介。除此之外，章太炎又增加了第四点，即必信。他说，信者，向之所谓重然诺也。昔人以信为民宝，人而无信，不知其可。他以为知耻、重厚、耿介三者，皆束身自好之谓，而信复周行于世用。他表明真正的道德行为就在于坚持原则，言必信，行必果，为了革命和民族大义勇于牺牲、敢于牺牲。如果从这个意义上说，章太炎确乎为革命道德的实践者。他不仅积极投身于革命斗争，而且七次被捕，三次入牢而不屈，表现出一个革命者所应具备的道德要求。

对于道德与革命之间的关联，中国资产阶级革命家看得都比较重，像孙中山、黄兴、宋教仁等都有相当多的论述。但是真正从理论上解决这一问题的，还要数中国的马克思主义者。中国最早的马克思主义者李大钊认为，为了中国革命事业发展的需要，必须培养一代新人，必须对这一代新人进行革命的人生观的教育。而这种革命的人生观就是与劳工阶级打成一片，在改造客观世界的同时，实现自我、改造和发展自我。要有为中国的共产主义的早日实现而勇于牺牲自我的精神和勇气。他在《自由与秩序》中说，真正合理的个人主义与真正合理的社会主义是统一的。每一个人都是一个独立的个体，都有独立的个性，都有要求自由的本性，这是不应该被抹杀或忽视的。但是任何个人又都是处于各种不同的社会联系之中，不可能是完全孤立的个人，完全离开社会的那种孤立的个人是断没有自由与个性可言的。这种个人也是没有任何意义的。一个真正的革命者在追求真理的时候，一定是以人民的利益为至高无上的利益，将个人的利益放到一种相对次要的地位。这才是革命者所应具有的真正道德。

到了瞿秋白，更明确地提出无产阶级的革命道德问题。他认为，在阶级社会中，由于人们总是处于不同的社会经济地位，因而人们的道德意识也不可能是一致的或不变的。此时的道德总是阶级的道德，阶级斗争是阶级社会道德发展的杠杆。在无产阶级与资产阶级共处的社会形态中，无产阶级的道德便是一种新兴的道德，是一种革命的道德。这种道德的基本特征是以团结力、奋斗力为德性。只是由于道德的继承性，无产阶级的道德信条也不能完全无视历史上优良传统的意义。在这一点上，瞿秋白没有把无产阶级的新道德与中国历史上的旧道德视为对立的两极，而是认为无产阶级的新道德即革命的道德也必然要采取旧社会确系多数人共同生活的良好道德，使社会生活有规则的良好习惯，以为现实阶级斗争及改造经济、改造社会的工具。他强调，新社会从旧社会演化出来，并非从天而降，将来的共产主义也是人类社会几千年的进化，积累共同生活之组织习惯的总成绩。所以新阶级的道德并非与旧社会绝对相反，比如社会主义的道德也不可能允许偷盗，只是此时的不允许不是拥护私有制，而是因为劳动者若去偷盗，便无法与资产阶级进行斗争，便会临阵脱逃，无产阶级个人想占有财产，无产阶级也就解体了。所以说，革命的道德并不排斥旧的道德伦理观念的一些合理因素。

在谈到个人与社会的关系时，马克思主义者基本上都是抽象地肯定个人利益的合理性，坚守社会利益的至上性。他们普遍地认为，个人的利益首先是无产阶级的整体利益，如果没有无产阶级的解放，就没有个人的彻底解放。他们都把实现共产主义作为个人生命的寄托，并且做好随时为理想而献身的精神准备。他们置个人生死荣辱于度外，始终抱着积极奋斗的乐观主义的人生观。瞿秋白在《儿时》中写到，本来人的生命只有一次，对于谁都是宝贵的。但是，假使他的生命融化在大众的里面，假使他天天为这个世界干些什么，那么，他总是在生长。虽然生老病死仍旧是逃避不了的，然而他的事业——大众的事业是不死的。他会领略到“永久的青年”。方志敏也说过，我们共产党员，当然都抱着积极奋斗的人生观，绝不是厌世主义者，绝不诅咒人生、憎恨人生，而且愿意得脱牢狱，再为党工作。但是，我们绝不是偷生怕死的人，我们为革命而生，更愿为革命而死！他常常这样想，假如能使中国民族得到解放，那他又何惜于自己的一条生命呢？他甚至在英勇就义前夕还写到，假如我不能生存，死了，我流血的地方，或者我埋骨的地方，或许会长出一朵可爱的花来，这朵花你们就看做是我的精诚的寄托吧！在微风的吹拂中，如果那朵花是上下点头，那可视为我对于中华民族解放奋斗的爱国志士们致以热诚的敬礼！如果这朵花是左右摇摆，那可视为我在提劲唱着革命之歌，鼓励战友们前进啦！其革命的英雄主义和革命的乐观主义精神跃然纸上，充分表现了中国共产党人不屈不挠的浩然正气和革命者应具有的道德品质。

2 道德革命与革命道德

近代中国的问题迟迟得不到解决，革命者究竟需要什么样的道德也一直困扰着人们，于是人们在思考推翻一个旧政权建立新政权的同时，也在思考道德革命和革命道德问题。

在近代中国最先提出道德革命的似乎是梁启超。他在长时期的政治生涯中似乎越来越感到如果不发动一场道德革命，中国的问题似乎就无法解决。他看到中国传统社会三纲五常伦理观念所造成的中国人的无数弱点，如自私、懦弱、虚伪、奴性、懒惰、保守以及莫名其妙的嫉妒心等，严重地阻碍了中国社会的发展与进步，认为要挽救中国就要新民德，而要新民德则必然要进行道德革命，以革除这些弱点，建立中国新的道德伦理观念和价值体系。他于1902年先后发表的《新民说·论公德》及《释革》等文章，正式提出了“道德革命”的论点。他在《释革》中说，“革也者，天演界中不可逃避之公例也。凡物适于外境界者存，不适于外境界者灭。一存一灭之间，学者谓之淘汰……夫淘汰也，变革也，岂惟政治上为然耳，凡群治中一切万事万物莫不有焉。以日人之译名言之，则宗教有宗教之革命，道德有道德之革命。”显然，他认为包括道德在内的一切都处于一个不断淘汰、不断变革的过程之中，否认所谓中国传统旧道德可以历千古而不变的说法。他在《论公德》中说得更明白，“呜呼！道德革命之论，吾知必为举国之所诟病。顾吾恨吾才之不逮耳，若附与一世之流俗人挑战决斗，吾所不惧，吾所不辞。世有以热诚之心爱国、爱群、爱真理者乎？吾愿为之执鞭，以研究此问题也。”由此可见其道德革命的信心和勇气。

至于道德革命的含义，在梁启超看来就是要以新道德代替旧道德，以新伦理代替旧伦理，以西方以个人为本位的伦理价值观作为参照，重建中国人的道德观念。他在《论公德》一文中说，今试以中国旧道德与西方的新伦理进行比较，旧道德可以分为君臣、父子、兄弟、夫妇、朋友；而新伦理则有家族伦理、社会伦理、国家伦理等。旧伦理所看重的是一私人对于一私人的事；而新伦理所看重的是一私人对于一团体的事。其中之分际及意义便不难明了。他指出，中国几千年的旧道德实以束过主义为德育之中心点，只讲私德而不讲公德。而西方的新道德所强调的是个人与团体之间、与国家之间的关系，是己与群之间的行为规范问题，所以西方伦理必然推崇爱群、爱国家、爱真理的道德观念意识。在梁启超看来，中国如果不能进行一次道德革命，中国人的所谓爱国、所谓发展可能都是一句空话。这一判断就为进行道德革命寻找到了理论上的依据。

道德革命的直接后果是造成价值的多元化。资产阶级民主主义者为了个人的自由与平等不断地提出和鼓吹合理的个人主义。然而由于近代中国问题的复杂性，个性的解放毕竟总要和民族的独立与解放联系在一起，因此，个人的利益究竟在社会的整体利益中占有怎样的位置，一直是近代以来思想家们反复争论不休的问题。直到中国共产党出世之后，中国共产党所持有的无产阶级价值观成为社会的主导思想之后，个人与社会利益之间的分际才算有了比较明确的标准，这就是无产阶级的革命道德。无产阶级革命道德的一个基本原则，就是小我服从大我，个人利益服从整体利益。刘少奇指出，把自己的幸福建立在使别人痛苦的基础上，是一切剥削者的共同特点。牺牲全人类或大多数人的幸福，把全人类或大多数人民弄到饥寒交迫与被侮辱的地位，来造成个人或少数人的特殊的权利与特殊的享受，这是一切剥削者的道德基础。而无产阶级的革命道德观念与此相反，革命者的道德不是建立在保护个人和少数剥削者的利益的基础上，而是建立在无产阶级和广大人民群众的利益的基础上，建立在最后解放全人类、拯救世界脱离资本主义的灾难、建设幸福美丽的共产主义世界的利益的基础之上。这种道德的基本要求是努力于最大多数劳动人民与全人类的解放斗争中来解放自己，来消灭少数人的特殊权利，这就是无产阶级的革命道德基础。显然，真正意义上的革命道德是不怎样考虑个人的欲望和个人权利的一种新型的禁欲主义。在这种新型禁欲主义的影响下，个人的爱好、个人的一切都必须服从于整体，服从于民族与国家的根本利益。这在过去革命战争年代毫无疑问是必要的，但到建设的年代如果仍一味坚持这种意识，则势必影响个性的发展，影响无产阶级共产主义的根本宗旨的实现，即社会的真正进步毕竟应该建立在个人才性的充分发展与充分自由的基础上。这一点可能是那些革命年代的思想家们在营构革命道德时所没有想到的。

九 旧瓶装新酒：尝试之一

五四新文化运动对中国传统道德伦理观是一次巨大的冲击，传统中国旧的道德伦理观念在重新估定一切价值的口号下受到一次严厉的检查和批判。中国人的道德伦理观念似乎可以由此走上一条新的道路，即西方以个人为本位、为中心的现代价值观。然而，不幸的是，由于中国的社会经济生活并没有随着新文化的建立而发生根本性的变化，新道德观念的根基不仅不牢，而且与中国人习惯的伦理价值明显冲突。当此旧辙已破，新轨未立的历史转折关头，新道德的困惑便必然要发生。

1 新道德的困惑

按照新文化运动主将们的意见，中国人的传统价值观念当然应该重新估价。诸如孔教或礼教的价值、贞操问题、纲常问题、科学与人生观的问题等，每每激起五四时期新旧两派的激烈争论。在旧派学者们看来，新的即科学的、个人主义的、自然主义的人生观不仅与中国社会的实际情况有很大的出入，而且仔细分析一下，就会很明显地感觉到其中的问题并不少。于是在 1923～1924 年爆发了人生观与科学的论战，以张君劢为首的玄学派对科学的即新的人生观提出了一系列的质疑。

1923 年 2 月 14 日，张君劢在清华大学发表演讲说，人生观的中心问题是“我”；与“我”相对者则为“非我”。而此“非我”之中，又有种种区别，涉及各个方面与各个层面。此类问题，皆关于人生，而人生为活的，故不如死的物质之易以一例相绳也。假如拿人生观与科学作一比较，则人生观之特点大致如下：

①科学为客观的，人生观为主观的。科学之最大标准，即在其客观的效力。换言之，一种公例，推诸四海而皆准。而人生观则很难有一定之规。

②科学为论理的方法所支配，而人生观则起于直觉。科学之方法有二，一曰演绎，一曰归纳。至于人生观，不论持何种观念的人，都很难以论理学之公例加以限制。更无所谓定义或方法，皆其自身良心之所命起而主张之，以为天下后世表率，故曰人生观只能是直觉的。

③科学可以以分析的方法下手，而人生观则为综合的。科学的关键在于分析，而人生观在于综合，若仔细分析，则必失其真义。比如佛教之人生观为普度众生。若求其动机所在，可以说是印度人好冥想之性质为之也，也可以说是印度之气候为之也。如此分析，

未尝不是一种理由，然即此分析之动机，而断定佛教之内容不过尔尔，则误矣。何也？动机为一事，人生观又为一事。人生观者，全体也，不容于分割中求之也。人生观之是非，不因其所包含之动机而定。

④科学为因果律所支配，人生观则为自由意志的。物质现象之第一公例，是有因必有果。而人生观皆为良心所驱动，并非必有某种原因而使之然。

⑤科学起于对象之相同现象，而人生观起于人格之单一性。科学中有一最大之原则，是自然界变化之统一性，即类的区别。人生观则为特殊的、个性的，有一而无二的。见于甲者，不得而求之乙；见于乙者，不得而求之于丙。故自然界之特征则在其互同；而人类界之特征在其各异。唯其各异，在中国的旧名词中才有所谓先知先觉以及所谓豪杰的说法；在西方才有所谓创造、所谓天才，并以此表示人格之特征的不同。

根据上述几点分析，张君劢认为，人生观的根本特点在于主观的、直觉的、综合的、自由意志的和单一性的。而这五个方面，是科学无论如何发达都难以解决的。人生观没有客观标准，人生观与科学是不能相容的，科学可以说明自然现象，却管不着人类的精神现象。人生观问题的解决只能有赖于人类自身。总之，他出于对欧洲科学与物质文明中出现的一些问题，竭力鼓吹科学破产和科学并不是万能的理论。

对于张君劢的这些说法，梁启超首先站出来表示部分赞成。他认为，人生问题，有一大部分是可以用而且必须用科学来解决的，但是却有一小部分，或者说最主要的部分是超科学的。换言之，人生关涉理智方面的事项，绝对要用科学方法来解决；然而关涉情感方面的事项，则绝对是超科学。他强调，情感表达出来的方向很多，其中至少有两件事的的确确是带有神秘性的，即爱与美。科学帝国的版图和威权无论扩大到什么程度，这位爱先生和那位美先生却依然永远保持他们那种上不臣天子，下不友诸侯的身份。显然，梁启超虽然对张君劢的一些说法有所保留，但基本倾向是相当明显的，那就是同情和倾向于张君劢的玄学立场。

然而，张君劢的这个讲演却遭到了来自其他方面的批判。信奉科学的丁文江针锋相对地指出，科学方法是绝对不受限制的，凡是事实都可以分类，都可以寻找出它们的秩序关系，都是科学的材料。他并针对张君劢人生观不为论理方法所支配的判断明确说，科学可以回答张君劢：凡是不可以用论理学批评研究的，都不是真知识。他在 1934 年发表的《我的信仰》一文中更明确地说，善的行为是以有利于社会的情感为原动力的，以科学知识为导向的。人不能离开社会而独立，所以善恶问题离开社会讲，就完全没有意义。他坚信不用科学的方法所得出的结论都不是知识的，在知识界内科学方法是万能的。科学是没有界限的，凡百现象都是科学的材料。凡是用科学方法研究出来的结果，不论材料的性质如何，都是科学的。

与此同时，吴稚晖在他的《一个新信仰的宇宙观及人生观》中依据物质一元论对张君劢的玄学理论进行了辛辣的讽刺与批评。他坚信精神离不开物质，坚信宇宙是一个永恒的进化过程，最初是物质进步，然后是精神进步。精神物质是双方并进。为此，吴稚晖提出他的“漆黑一团”的宇宙观和人欲横流的人生观。他认为，人与动物没有什么区别，所谓人生便是用手用脑的动物，轮到人生大剧场的某一幕，正在那里出台演唱，请作如是观，便叫做人生观。人们生活的目的就是吃饭、生孩子、招呼朋友三件大事，舍此之外，别无其他。

对于这场论战，当时的马克思主义者如陈独秀、瞿秋白等人也曾积极介入，而且明显对科学派与玄学派两方均表示不满。陈独秀在为《科学与人生观》论文集作序时说：“攻击张君劢、梁启超的人们，表面上好像是得了胜利，其实并未攻破敌人的大本营，不过打散了几个支队，有的还是表面上在那里开战．暗中却已投降了……就是主将丁文江大肆攻击张君劢的见解，其实他自己也是五十步笑百步，在本质上与张君劢并没有什么大的区别。”对于张君劢的人生观，陈独秀认为是极端错误的。他以为，种种不同的人生观，都是为种种不同的客观的因果所支配的，而社会科学可以一一加以分析和说明，结果便找不出哪一种是没有客观原因的，是由于个人主观的直觉的自由意志凭空而发生的。对于梁启超所谓情感超科学的理论，陈独秀认为也是相当荒唐的，其实一切情感活动都离不开具体的时代和具体的环境。所谓孝子割股疗亲等其实都是中国农业社会、宗法社会之道德传说及一切社会的暗示所铸而成。对于丁文江的唯科学主义，陈独秀也表示极不满意，以为丁文江的思想根底其实与张君劢走的是同一条路，就其本质而言也是离开了物质的即经济的原因来解释世界历史现象，结果也就是历史唯心论。

瞿秋白在这场论战中写有《自由世界与必然世界》，与陈独秀一样也是从马克思主义的立场批评玄学派和科学派。瞿秋白指出，自然界与人类社会都有其不以人们的主观意志为转移的客观规律，尽管人类社会历史里有一定的有意识、有目的的活动，但是并不能因此而否定历史的进程之共同因果律。

此次论战的结果是谁也没有说服谁，但由此而引发的一个重大问题是对于新文化运动以来刚刚确立的新的道德观念提出质疑和挑战，于是新道德的发展便不能不出现新的困惑。

2 新生活的尝试

蒋介石建立南京国民政府之后，出于统治的现实需要，他自然无法全面继承和忠实执行孙中山所提出的三民主义政治路线，而开始向中国传统文化尤其是儒家伦理寻求治世的原则。一方面他给三民主义披上中国古代儒家伦理的外衣，用三民主义的一些原则去训释儒家的那些道理。另一方面，他又用中国传统伦理去解释孙中山的三民主义，将孙中山孔子化，将三民主义儒学化，篡改、阉割三民主义的民主实质、革命精神。他认为，孙中山是中国传统伦理即儒家道统的当然继承者，其思想本质便是继承尧舜以至孔孟而中绝的仁义道德思想，是中国的固有传统在现代的翻版。他说，三民主义就是从仁义道德中产生出来的，就是中国固有的道德文化的结晶。“总理的主义学说，除形式上富有时代的色彩外，其本质、方法、作用，完全与《大学》之道相符合的。所以可以说，三民主义就是‘明德’、‘亲民’的道理。要信仰三民主义，实行三民主义就是‘在止于至善’的道理。总理思想的来源，和他的哲学与主义的构成，的确是这样的。”因此，“革命之学，《大学》也；革命之道，《大学》之道也”。其具体内容，就是蒋介石所概括的四维（礼义廉耻）、八德（忠孝仁爱信义和平）、五达道（即五伦，君臣、父子、夫妇、兄弟、朋友）、三达德（仁智勇），等等。在他看来，这不仅是治国的基础、中国的国魂、民族的精神、立国的原则，也是中国人做人的基础和基本原则。

基于这种判断，蒋介石在他建立南京国民政府之后，迅即推出所谓新生活运动，企图以这种守旧的儒家伦理维护他的极权统治。1934 年 2 月，他主持成立新生活运动促进会，7 月又成立总会，自任会长并多次发表演说，并主持制定了《新生活运动纲要》和《新生活须知》等文件。他在谈到新生活运动的宗旨时说，这个运动“是要以礼义廉耻四维，完全表现在每一个人的衣食住行上面，始终不懈地实行下去”。礼义廉耻是这个运动的思想原则，也是各种具体行为的基准。新生活运动就是要求国民之生活合理化，而以中华民族之固有的德性即礼义廉耻为基准。其政治目的便是以四维约束国民党的各级官吏，维持其政府内部的统治秩序，以保证其政令的实施。

新生活运动对礼义廉耻的具体解说是：

礼，即规规矩矩的态度；

义，即正正当当的行为；

廉，即清清白白的辨别；

耻，即切切实实的觉悟。

如果仅仅从抽象的意义来观察，这些道理并不是毫无意义，如果中国人都能做到这些，那么我们这个民族确实可以称为礼仪之邦、文明之国。然而问题在于，蒋介石、国民党此时发动的这一新生活运动的真实目的除了在国民党内部进行独裁统治外，更主要的还是为了对人民进行法西斯的独裁统治，对中国共产党进行残酷的围剿和杀戮。这在蒋介石南昌行营设计委员会的一个委员的一句话中反映得特别明白，这个委员对搞法西斯宣传的复兴社骨干萧作霖说，“你们光喊攘外安内和拥护领袖还不行。应该从范围更大的整个民族文化的前途着眼，提出我们反对什么和要求什么，这才能建立起一个巨大文化思潮来更有力地对抗共产党。”于是萧作霖与其他的特务头子们商量，决定在开展法西斯宣传的同时，进行一个全面性的新生活运动，这就是新生活运动的最初由来。出于这种目的，蒋介石和国民党又怎能真的自觉遵守和带头遵守那些礼义廉耻的道德约束呢？诚如周恩来于1943年在《论中国的法西斯主义——新专制主义》中所指出的那样，“在伦理建设方面，蒋介石强调四维八德的抽象道德。若一按之实际，则在他身上乃至他领导的统治群中，真是亡理弃义，寡廉鲜耻！他们不给孙夫人居住自由，不给国民政府主席林森养病自由，得苏联帮助而反苏，得共产党帮助而反共，得人民帮助而压迫人民，满朝囤积、遍地贪污而不惩，通敌叛国、走私吃饷而不办。抗战不勇，内战当先，还谈什么忠孝！（把老百姓）捆上疆场，官逼民反，还谈什么仁爱！抗战业已六年，还和日寇勾搭，对德既已宣战，还有信使往还，这那能说到仁义！挑拨日本攻苏，飞机轰炸民变，这那能说到和平！所以他这套唯心主义的道德观，都是虚伪的。同时，也是以此惑人，要人民对蒋介石国民党实行忠孝仁爱信义和平，好便利他的压迫和进攻。”

再从新生活运动的实际内容来看，蒋介石虽然对人民的衣食住行的各个方面都有详尽而又具体的明文规定，诸如食须洁净，穿戴要整齐，住房要时常开窗通风，乘车搭船上下都不应拥挤，等等。然而从当时中国人民生活的实际水平看，这种种规定尽管从理论上并不错，但离人民的实际生活状况相差太远。这种规定既不能实行，那又有什么实际意义呢？诚如宋庆龄在《儒教与现代中国》一文中所批评的那样，“在新生活运动中找不到任何新的东西，它没有给人民任何东西。因此，我建议用另一种运动来代替这个学究式的运动，那就是，一种通过生产技术的改进以改善人民生活的伟大运动。”

3 中国精神之重建

蒋介石发动的新生活运动并没有导致中国伦理的根本变革，中国人的伦理生活依然在旧辙已破，新轨未立的历史环境下运转。当此时，深切感到这一点的还要数被后来称为新儒家的那一批学者，他们基于生命历程的真切感受，对五四新文化运动持一种比较严厉的批评态度，开始重新思考儒家伦理的现代价值，既回应五四新文化运动对儒学的责难，又期望用儒学这个旧瓶装上合乎现代社会需要的新酒，重建儒家伦理的价值体系。

五四新文化运动激进派对儒学的批评，就其本意来说，当然是期望以历史的、科学的态度对待儒学，如胡适所说是为了减轻儒术独尊的压力，以营建学术思想的自由空间。然而事与愿违，五四新文化运动激进派对儒学的偏见激起了文化保守主义者的责难和反批评，实际上启发了人们对中国传统文化尤其是儒家文化真面目的重新认识，对其真精神的重新阐扬。诚如贺麟在《儒家思想的新开展》中分析的那样，五四新文化运动的最大贡献在于破坏和扫除了儒家的僵化部分的躯壳以及束缚个性的传统腐化部分。但它并没有打倒孔孟的真精神、真学术、真意思，儒家学术反而因其洗刷扫除的功夫，使得孔孟程朱的真面目更是显露出来。新文化运动的领袖人物是以打倒孔家店相号召的胡适之先生。他打倒孔家店的战略，据他英文本的《先秦名学史》的宣言，约有两要点，第一，解除传统道德的束缚；第二，提倡一切非儒家的思想，也就是提倡诸子之学。但推翻传统的旧道德，实为建设新儒家的新道德的预备功夫；提倡诸子哲学，正是改造儒家哲学的先驱。用诸子来发挥孔孟，发挥孔孟以吸收诸子的长处，因而形成新的儒家思想。假如儒家思想经不起诸子百家的攻击、竞争和比赛，那也就不成其为儒家思想了。换言之，愈反对儒家思想，儒家思想愈是大放光明。这一点恐怕是五四新文化运动的主将们始料不及的。

最先对五四新文化运动的批孔反儒进行回应的是梁漱溟。他在 1921 年完成的《东西文化及其哲学》一书中，基于对中西印三方文化的比较研究，全面回答了五四新文化运动的主流派对儒家学说的责难，论证儒家文化代表着人类文化的未来发展方向。他认为，从精神生活、物质生活、社会生活三个方面看，东方文化儒家哲学都远远不及西方。尤其是西方近代以来的科学与民主精神，更是世界上无论哪一个民族都不能自外的东西。据此他判断，东方文化是一种未进的文化，西方文化是一种既进的文化。但是他并没有就此推导出中国应该向西方学习，反而认为中国社会的再发展必有待于文化上开辟新局面，寻找新的生机。“必须反转才行。所谓反转，自非努力奋斗不可，不是静等可以成功的。如果对于这个问题没有根本解决，打开一条活路，是没有办法的。”在他看来，中国文化未来发展的唯一机会，就是旧传统上的新创造，就是回归到儒家的真精神然后再开出现代化，而根本不存在全盘西化或东西调和的可能。

在梁漱溟看来，中西文化的不同是本然的事实，并不能据此说明中国文化比西方文化落后。因为文化不仅无法进行量的测定，离开了它所赖以生存发展的社会生活便无从判定其优劣。而且，文化的发展并不是单向的进程，中国文化与西方文化的不同不是前者不及后者，而是文化体系、思维路向和人生态度的根本不同。他断言，假如西方不和我们接触，中国是完全闭关与外界不通风的，就是再走三百年、五百年、一千年也断不会有火车、轮船、飞行艇、科学方法和民主精神。也就是说，中国人不是同西方人一样走同一条路线，因为走得慢，那么加快步伐就终有一天能赶上，若是各自走到别的路线上去，别的方向上去，那么无论走多久，中国也不会走到西方人达到的地点上去的。他认为，中国人的人生态度之所以与西方不同，除了农业生活的影响外，更主要的是儒家思想使中国人的宗教意识太淡薄。儒家的理想没有别的，只是要求人们顺着自然的道理，一任直觉，遇事随感而应，活泼流畅地去生发，便可得中，便可调和，便所应无不恰好。这种直觉来不得半点有意识的作为，而是如孟子所说的不虑而知的“良知”、不学而能的“良能”，是人的“本然敏锐”。这也是孔子的所谓“仁”。而正是这一点恰恰是世界未来文化需要的东西。他宣称，西洋人没有看到孔子的学说则罢，一旦看到，便不怕他不走孔子的路。他一旦看到人类生活本来是怎么一回事，则他将不能不顺着生活本性而听任本能冲动的活泼流畅，一改那算账而统驭抑制冲动的态度。

在理性层面上，梁漱溟冷静地比较中西文化的优劣长短，采取对西方文化既吸收又排斥、对中国文化既排斥又再创的基本态度。这样他可以毫不犹豫地主张全盘承受西方近代以来的全部文化成就，又可以毫不犹豫地宣称中国文化是世界文化的未来，代表人类文化的发展方向。而在非理性层面，梁漱溟几乎采用了巫术般的论证，高度赞美中国文化尤其是儒学崇尚直觉的精神和礼乐意识，企图以宗教式的生命体验重整中国文化对人生的勖勉安慰作用。此点正如贺麟在《五十年来的中国哲学》中所分析的那样，梁漱溟虽然用力于比较中西文化的异同，但他却有一个长处，即他没有陷入狭隘的中西文化优劣的无谓争执。他一方面重提儒家的态度，隐约地暗示着东方的人生态度比西方人向前争逐的态度要深刻、要完善。然而另一方面，他又公开宣称西方人的科学与民主，中国人应该全盘承受，并且认为这两种东西是人类生活中谁也不能自外的普遍因素。因此，他虽然没有完全跳出中体西用的老圈套，然而他毕竟巧妙地避免了东方文化优于西方文化的褊狭复古见解。他也没有呆板地明白赞成中体西用或旧瓶装新酒的机械拼合。这不能不说是他立论高明圆融的地方。

梁漱溟对儒家精神的解释启发了国人，在他之后，张君劢、熊十力、贺麟、钱穆、冯友兰等人都从不同的角度对儒家精神的现代意义作了新的阐释。尤其是抗日战争全面爆发之后，中国思想文化界更日趋感到重振中国精神和儒家伦理不仅具有学理的意义，而且实在是中国现实政治的需要。

综括抗战时期中国思想文化界的全部情况看，可以说尽管存在着许许多多的争论与冲突，但在民族精神的复兴与重建这一点上，几乎包括左中右的各派学者都有相当一致的共识。他们都在竭尽自己的智慧与能力，从学术层面证立中华民族不畏强暴的抵抗精神和热爱和平的根本特性。比如新儒学的重要代表人物熊十力，在抗战之前致力于儒家思想的返本开新，从事纯哲学的创造。但当抗日战争全面爆发后，熊十力在颠沛流离之际，深感唤醒民族精神之重要，在着力于形而上思考的同时，不废讲学，并撰写了《中国历史讲话》一书，倡言五族同源，提倡民族精神，推论“日本决不能亡我国家，亡我文化，亡我民族”，表现了中国思想文化界知识分子的忧世情怀、乐观精神和哲人的睿思。

如果我们能够深切地了解抗日战争时期，特别是其早期的国内民众的一般情绪，我们便很容易理解思想文化界倡导保卫中国文化，重建民族精神的活动并不是杞人忧天，而是具有相当明确的针对性。我们知道，当抗战刚刚爆发的时候，中国的综合国力确实不如日本，中国军民起而抗战确实带有被迫的意味。因此，在一个相当长的时期里，国内确实弥漫着一股悲观主义的气氛，确实有相当一部分人担心抗战究竟能否获得胜利？国人的情绪在很大程度上正像毛泽东在《论持久战》中所描述的那样，“身受战争灾难，为着自己民族的生存而奋斗的每一个中国人，无日不在渴望战争的胜利。然而战争的过程究竟会要怎么样？能胜利还是不能胜利？能速胜还是不能速胜？很多人都说是持久战，但是为什么是持久战？怎样进行持久战？很多人都说最后胜利，但是为什么会有最后胜利？怎样争取最后胜利？这些问题不是每一个人都解决了的，甚至是大多数人至今没有解决的。于是失败主义的亡国论者跑出来向人们说：中国会亡，最后胜利不是中国的。”针对这种情况，毛泽东认为，这一半是因为客观事变的发展还没有完全暴露其固有的性质，还没有将其面貌鲜明地摆在人们面前，使人们无从看出其整个的趋势和前途；另一半则是因为我们的宣传解释工作还不够。鉴于这种状况，我们反观思想文化界重建民族精神、保卫中国文化的努力，便自然很容易理解其价值和意义。

思想文化界保卫中国文化、重建民族精神的努力是多方面的。但鉴于抗战时期的特殊形势，保卫中国文化、重建民族精神的本质说到底就是要重提和强调对外抵抗的不妥协主义，即民族主义。而民族主义是一个复杂的概念，它在中国历史上的正面功能，便是当异族入侵的时候，比较容易唤醒国人的觉悟，形成极强的民族凝聚力，一致对外，从而赢得民族的独立和解放，为民族的再生与发展开辟通途。但是另一方面，不论民族危机多么严重，如果一味过分地提倡民族主义，它固然有助于唤醒国人进行不妥协的抵抗，但终究因其狭隘性的见解，极容易形成国人故步自封的排外心态，从而有害于民族的再生与发展。尤其是那种民族自信心和民族文化优越感如果经过不恰当的夸张，它虽然可能取得暂时性的效果，但从长远的观点看，无疑弊大于利。正是在这样一种政治背景下，抗战时期的中国思想文化界在重建民族自信心和民族精神的同时，也多少有意无意地夸大了民族文化的优越性，其最直接的效果便是导致了五四新文化运动主体精神的中断，并不同程度地造成文化复古主义的复活。比如钱穆，在抗战时期自念万里逃生，无所贡献，复为诸生讲国史，倍增感慨。在弘扬民族精神、重建民族自信心方面，确实作出了突出性的贡献。但是毕竟囿于当时的特殊环境，钱穆在思考中国文化的过去、现在与未来时，未免落入民族文化自尊自大的窠臼，表现出浓厚的文化复古主义情绪。他认为，中国文化从根本上并不错，中国文化的未来决不能寄托在一切向西方学习这种幼稚的想法上面，而有待于中国文化能否进行调整和更新。同时他还强调，这种调整和更新的动力并非来自西方文化，而必须来自中国文化系统的内部。易言之，此文化系统将因吸收外来的新因子而变化，但绝不能为另一文化系统即西方文化所取代。他称这种变化为更生之变。他说，近代中国的所有问题，主要在于士大夫之无识。士大夫之无识，乃不见其为病，急于强起急走以效人之所为。跳踉叫噪，踊跃愤兴。而病乃日滋。于是转而疑及我全民族数千年文化之源，而唯求全变故常以为快。不知今日中国所患，不在于变动之不剧，而在于暂安之难获。必使国家有暂安之局，而后社会始可以有更生之变。所谓更生之变者，非徒于外面为涂饰模拟，矫揉造作之谓，乃国家民族内部自身一种新生命力之发舒与成长。而启导此种力量之发舒与成长者，自觉之精神，较之效法他人之诚挚为尤要。他相信，只要这一文化系统在经过现代洗汰之后仍能保持传统的特色，中国才算获得了新生。

如果仅从文化演进的观点看，钱穆的分析多少有些道理，但是如果结合他所要保持的究竟是哪些特色，则明显是一种文化复古主义。他说，现在的中国文化不但没有走到尽头，而且如今仍然要继续着。“所以我对中国文化仍抱乐观，中国的文化未老未死，缺点是有的，只看中国将来怎么办?”那么怎么办呢？钱穆强调，一定要恢复中国固有的道德，这就是修身齐家治国平天下，就是忠孝仁爱信义和平，等等。显然，不论这种观念有多少道理，它实际上是对五四新文化运动的反动，是文化复古主义在抗日战争这一特殊历史条件下的复活，是在所谓“中国化”的招牌下反对马克思主义在中国的传播和发展，反对中国走上新民主主义革命的道路。对此，胡绳当年批评到，钱穆等人的折中见解，在根本上是复古，也是排外，因为他们是把一切外国的东西，从中国旧文化的传统立场上看去是新的，不适宜中国的东西都加以排斥，排斥一切西洋文化中对于当前中国的现实具有进步意义的东西。但他们看出了在西洋文化史上也还有时期的不同，也曾有过一个时期，西洋文化与中国文化只是“貌异神同”。看出这点倒是对的，因为中国传统文化是封建时代的文化，而欧洲也有过它的封建时代，也有过它的封建时代的文化。但从此出发，认为中国文化要向后转，并和向后转的西洋文化合作，这却是拿人类文化史开玩笑了。

十 新瓶装旧酒：尝试之二

近代中国道德革命的最大成果就是建立了一套完整的具有中国特色的道德体系和价值体系，而这个体系的最主要的乘载者便是中国共产党人，中国共产党人在接受马克思主义的同时，也批判性地继承了中国传统道德观念中的部分因素，建立起一套完整的道德体系。

革命词句所蕴涵的复杂内容

中国共产党的道德体系的主要价值取向是以实现社会主义和共产主义为最高目的。尤其是在早期马克思主义者那里，他们格外相信中国的出路只能是社会主义和共产主义。李大钊预言，随着经济生活的变动，资本主义必然崩溃，生产的方法必然由私有变为公有，分配的方法必然由独占变为公平，人与人之间的关系必然日趋平等与自由，那么社会主义与共产主义的道德观念理所当然地也要发生变化，必然要建立一套全新的道德价值体系。为此，中国早期马克思主义者基本接受中国资产阶级民主主义者的看法，视中国传统伦理为现代社会尤其是社会主义、共产主义发展的根本滞碍。他们不断地揭露中国旧伦理的封建实质，真诚地渴望建立一套与中国旧伦理完全不同的价值体系。

在他们看来，新的价值体系的基本特征是个人利益低于社会整体利益，个人的自由与平等只能屈从于集体、社会的整体自由和平等，个人的解放只能有待于社会的解放与进步。中国共产党人如果不能解放全人类便根本谈不上解放自己。基于这种判断，中国共产党人所强调的道德主义基本上是以社会的整体利益为原则，个人在那里只能是极其微不足道的。个人所要树立的是全心全意为人民服务的价值观，个人的一切都要服从于人民群众的根本利益。

按照毛泽东的说法，中国共产党人要真正做到全心全意地为人民服务，就必须树立无产阶级的科学的世界观和革命的人生观，其具体内容是：必须牢固树立起人民群众是推动历史前进的根本动力的历史唯物主义的观点。群众是真正的英雄，而我们自己则往往是幼稚可笑的。必须发扬“孺子牛”的革命精神，勤勤恳恳地为人民服务，绝不能利用手中的权力搞特殊化，绝不能为个人谋取任何私利。共产党人如果利用手中的权力搞特殊化，谋取个人私利，便是丧失道德的行为，便和共产主义的理想背道而驰。他号召一切共产党人都要学习张思德、白求恩这些道德楷模全心全意为人民服务的精神，毫不利己，专门利人，吃苦在前，享乐在后，处处想到人民群众，要与人民群众同甘苦、共患难。要有坚强的个人意志抵制资产阶级生活作风和生活习惯的腐蚀，从而成为一个高尚的人，一个纯粹的人，一个有道德的人，一个脱离了低级趣味的人，一个有益于人民的人。

张闻天在《论青年的修养》一文中，格外强调青年人高尚的道德理想必须建筑在现实社会的物质基础上。一切伟大的理想都只能从现实社会具体分析得来，而不是个人头脑里随便可以想出来的东西。共产主义的理想是人类有史以来最崇高、最伟大的理想，然而这个理想只能从资本主义社会的物质基础上产生出来，脱离对资本主义社会的科学分析的大同思想只能是幻想而不是理想。

又由于中国共产党人在长期的革命实践中需要强调斗争哲学，因此，其道德伦理在革命的词句中所蕴涵的复杂内容便是强调革命的立场，强调人与人之间的关系，即便是同志之间，也要积极地开展批评和自我批评。毛泽东说，房子是要经常打扫的，不打扫就会积满灰尘；脸是应该经常洗的，不洗就会灰尘满面；人是应该经常开展批评和自我批评的，如果不开展批评和自我批评，就会产生自满情绪，并不利于人的成长与进步。从积极的意义上讲，毛泽东的这种主张当然是有意义的，这实际上也是中国旧伦理尤其是儒家所反复强调的慎独与自我反省精神。然而这种批评与自我批评如果运用不当，轻则流于形式，重则不恰当地运用斗争武器，将同志作为斗争的对象。于是中国共产党内相当长的一个时期里总是有人借口进行批评或自我批评而制造了一大批冤假错案，无以计数的好同志长时期地蒙受冤屈。如果从深层的原因来分析，中国共产党人所奉行的斗争伦理可能是其中的原因之一。

当然，在中国共产党内也并不是没有人意识到这些问题。问题在于中国共产党既然把批评与自我批评作为武器，作为“三大作风”之一，于是便不是一般地意识到这些问题就可以消弭或解决得了的。正常的同志之间的批评当然应该进行，但是这种批评应该像张闻天所说的那样，批评者首先要有一种善意的态度，与人为善的精神，要诚恳地劝导，要采取忠恕的态度。要承认人人都不是圣人，缺点错误是谁也避免不了的，因此，批评者对犯错误的人，一定要不怕麻烦，一定要有足够的忍耐心，以至诚与忠恕的态度去打动犯错误的同志的内心，而不应采取讥讽、嘲笑、谩骂的态度，更不能随意给人扣上大帽子，采取一棍子将人打死的做法。至于被批评者，首先要有勇气承认错误或缺点，要有伟大的胸怀和气魄，不但要能如“禹闻善言则拜”，并且要能够在一定的原则下，服膺中国古人“不念旧恶”，实行恕道。果如此，党内的激烈斗争或许可以避免，中国共产党的力量就能更加强大。

2 道德楷模的泛化

中国共产党人在长期的革命环境中凭借着革命的

道德理想而度过了那些艰难的岁月，在这一艰难的革命过程中也涌现出无数的道德楷模和令人敬佩的时代精英。像那些革命烈士面对敌人的屠刀而毫无畏惧，英勇地献出自己年轻的生命，其精神确实令人感佩不已。然而，这种非常的时刻毕竟不是每天都有，更不是每一个人都会遇到的幸运和机会。对于每一个普通的人来说，他们每天所要面对的毕竟只是碌碌无为的生活，因此，那种道德理想主义的实际意义在这一大批平常人看来总觉得空泛和意义不大。

其实，仔细分析中国共产党人的道德理想主义的思想来源，它虽然具有西方经典马克思主义的思想成分，但似乎更多地来源于中国旧的伦理尤其是儒家伦理精神。按照经典的儒家伦理，人人都具有善的根性，人人只要善于克制自己的欲望，就都有成为圣人或贤者的可能。这样的道德楷模既然在现实生活中并不具有普遍意义，那么被教育者也就很难把他们真的当做一回事。人们在现实生活中虽然可以看到中国共产党人总是吃苦在前、享乐在后，但一方面除了觉得这是共产党人应该如此之外，似乎又总觉得这样的榜样与自己无关。道德的楷模失去了应有的作用，人们还是要回到现实的生活中来。于是刘少奇在《论共产党员的修养》中对那种完全不顾个人利益和个性发展的道德理想主义进行了些微的修正，明确指出中国共产党人在强调高度自觉的道德理想的同时，并不应该完全忽视或抹杀个人或小集团的正当的、合理的以及以自己的辛勤劳动换来的个人利益。他说，我们强调个人利益必须服从党和人民的利益，但是，这并不是说在我们党内不承认党员的个人利益，是要抹杀党员的个人利益，要消灭党员的个性。恰恰相反，我们党应该允许党员在不违背党和人民的根本利益的前提下，去建立和追求他们的个人利益，发展他们的个性和特长。同时，党还应该在尽可能的条件下顾全和保护党员的个人利益不受到侵犯，比如给他以教育学习的机会，解决他的疾病和家庭问题，以及在反动派统治的情况下，在必要的时候还要放弃党的一些工作而保护党员的生命和利益。

超前，还是滞后？

中国共产党人的道德伦理主要来源于马克思主义理论，但是由于中国历史环境的影响，中国共产党人在接受马克思主义的同时当然不可避免地要批判和吸收一些非马克思主义的东西，尤其是中国传统伦理特别是儒家伦理。从这个意义上说，中国共产党人道德伦理观念既是超前的，即是社会主义的和共产主义的；又是滞后的，即带有相当浓厚的中国旧伦理的气息。

先看超前。由于中国共产党人的追求目标是在中国实现社会主义理想，在全人类实现共产主义理想，因而它在要求它的成员和一般社会公众时，总是期望以更高的道德水准去培养一代新人。即便毛泽东在最为现实的战争年代里，他在承认中国尚不可能一下子过渡到社会主义的形态的时候，也念念不忘对人民进行社会主义和共产主义教育。他在《新民主主义论》中说，在新民主主义的阶段，由于是无产阶级领导的缘故，这一时期的政治、经济和文化显然都具有社会主义的因素，并且不是普通的因素，而是起决定作用的因素。但是就整个政治情况、整个经济情况和整个文化情况来说，却还不是社会主义的，而是新民主主义的。就国民文化的领域来说，如果以为现在的整个国民文化就是或应该是社会主义的文化，这是不对的。这是把共产主义的宣传当做了当前行动纲领的实践；把用共产主义的立场和方法去观察问题、研究学问、处理工作、训练干部，当做了中国民主革命阶段上整个的国民教育和国民文化的方针，以社会主义为内容的国民文化必须是反映社会主义的政治和经济的。我们在政治上、经济上有社会主义的因素，反映到我们的国民文化也有社会主义的因素；但就整个新民主主义阶段来说，我们现在还没有形成这种整个的社会主义的政治和经济，所以还不能有整个的社会主义的国民文化。显然，毛泽东的这种判断无疑是正确的。

然而在谈到如何向人民群众进行道德理想教育时，毛泽东却又明确指出，尽管我们还不具备实行社会主义的条件，但是在新民主主义阶段，我们要毫无疑问地进行乃至扩大社会主义和共产主义的宣传，加紧马克思列宁主义的学习，没有这种宣传和学习，不但不能引导中国革命到将来的社会主义阶段上去，而且也不能指导现时的民主革命达到胜利。

再看滞后。从中国共产党人提倡和彰扬的那些道德标准和道德楷模的基本状况看，显然受到中国传统伦理的深刻影响，只要我们翻开毛泽东、刘少奇、周恩来等人的著作，我们就会感到他们对中国的旧伦理的印象是多么的深刻，对于儒家伦理的一些基本信条是怎样的信服。他们几乎一致赞成儒家伦理所彰扬的那股浩然正气，主张革命者所应具有的道德品质应该是先天下之忧而忧，后天下之乐而乐，所谓吃苦在前、享乐在后，所谓政治上向高标准看齐，生活上向低标准看齐等，便都是儒家伦理精神的现代解释，是期望人人都能具有一种自我克制的能力，那么中国社会的问题就一定好办。

十一　儒家伦理在现代化过程中的作用

通过对百年来中国伦理观念变迁的描述与分析，我们确实可以相信儒家伦理对于现代化并非完全是一种阻碍作用。如果再结合东亚一些国家在经济发展和现代化方面的成就与经验，我们确实可以感到在具有儒学传统的国度与地区，只要充分尊重儒学的思想传统，利用儒学的智慧资源，就有可能尽快地实现现代化，完成传统社会向现代社会的转换。然而我们毕竟无法同意国际学术界和国内某些学者的这样一种模棱两可的结论，即儒教与儒家文化虽不能直接导致经济的发展，各国各地区经济发展的原因也不尽相同，但可以肯定的是，在经济开始起飞的社会，拥有儒教文化传统已经成为经济与社会发展的促进因素。这是否可成为“儒教资本主义”暂当别论，然而至少今天已可以非常清楚地看到，亚洲型资本主义不同于欧美的资本主义。

如果仅就事实而言，这种说法有相当的道理和证据，在某种程度上说，这种说法也确实有助于纠正自马克斯·韦伯以来国际学术界对儒学传统的偏见。然而现在的问题是，能否由东亚部分国家与地区的现代化的初步成功而归纳出一种带有规律性的结论，能否由此完全证明儒学传统不仅不是现代化的阻力，而且还是一种动力或助力呢？另一方面，具有儒学传统的东亚国家与地区的现代化的初步成功究竟有多少得益于儒学？换句话说，它们的成功，除了儒学之外，还有多少其他的因素呢？

思想传统与现代化的内在关联

我们知道，自古以来中西双方不仅形成文化传统的重大差异，而且在面临人类根本无法回避的生存问题上，中西方的差异自古以来也甚为明显。然而问题在于，这种种差异虽然为一种本然的事实和客观存在，但能否由此得出现代资本主义的生产方式只合乎西欧社会的历史条件，而不合乎东方社会呢？马克斯·韦伯在他的名著《新教伦理与资本主义精神》中详尽地比较了东西方精神层面的种种差异之后说："合理的工业资本主义在西方是把其重点放在制造方面，它在中国却受到阻碍，这不仅是因为没有形式上的保护法、合理的行政机构和司法制度以及征税权的具体制度，而且最基本的也是因为没有精神上的基础。首先是根于中国人精神气质中的中国人的态度妨碍了合理资本主义的发展，这种态度在官僚阶层以及那些迫切想当官的人中特别强烈。"更明白地说，资本主义之所以在中国和东方社会得不到充分发展，最根本和最关键的原因在于儒家伦理抑制了资本主义社会得以形成和发展的根本动力，即实业精神。

马克斯·韦伯的观点在国际学术界产生过持久而深远的影响，人们在相当一个时期内无不相信儒家伦理从基本上说来与现代化，特别是与被理解为理性化的现代化是格格不入的。然而到了20世纪70年代末期，特别是现在，不仅具有儒家传统的日本的现代化获得了空前的成功，而且东亚那些长时期受到儒家文化影响的国家如韩国、新加坡和中国，都已先后进入经济发展的时期，业已取得的成就格外令人注目。于是学者们便不得不改变韦伯以来的传统见解，开始接受这样一种理论预设，即儒学伦理与资本主义、西化、现代化的关系的真相可能是：儒学传统有些或有的方面有时阻碍西化或现代化，有些或有的方面有时促进西化或现代化。

东亚经济的成功改变了人们长时期的看法，但我们不难感受到这一事实的理论意义可能在于，资本主义或者说现代化的发展可能并非只有西欧以及美国的那种唯一的经典模式，尽管这种模式是人类历史上唯一具有成功记录的模式。人类社会的未来发展或许仍将如同过去几千年的历史所表明的那样，具有无限的多样性。换言之，如果人类将现代化或资本主义化作为一个追求目标的话，那么就应该允许东西方或南北方等不同人群的各种各样的试验和追求，当然所得到的结果也只能是原则上大体一致，具体构造因地、因时、因人而异。

事实上，如果以历史学家的眼光进行严格的审查，截至目前的现代化模式早已远非西欧那一种。正如美国学者 C. E. 布莱克的名著《现代化的动力》早在 20 世纪 60 年代就已指出的那样："现代化特征对于所有社会都是共同的。考察这些特征有助于揭示现代化过程的一般性质。然而，各个社会的差异非常之大，这些一般通则对于理解特殊社会的帮助是有限的……合适的办法是，在适用一切社会的通则和个案分析之间作一折中，我们可以探索存在于众多社会中的主要变量。没有两个社会以同一种方式实现现代化——没有两个社会拥有相同的资源和技术、相同的传统制度遗产，处在发展的相同阶段以及具有同样的领导体制模式或同样的现代化政策。"这或许正是东亚社会获得经济上的成功与初步现代化的理论价值与意义。

儒学传统对于现代化或许确实不足以构成根本性的滞碍，恰恰相反，据相当一部分学者的研究，东亚经济的成功在相当程度上得益于儒学尤其是儒家伦理。但是，这种研究无疑忽略了另外一个重要问题，那就是他们对儒家伦理的解释往往被描述为与马克斯·韦伯所说的新教伦理有相等或相似的功能，尤其被描述为与西方的工业伦理基本一致，或者是可以比较的。美国学者墨子刻在《摆脱困境——新儒学与中国政治文化的演进》中说，韦伯将加尔文派清教徒内部的禁欲主义与儒家伦理所强调的善于处世严格区别开来的做法，大概是错了。事实上，真正意义上的儒家像清教徒一样，也通过对自我价值的内在估量而获得巨大能量。它的合理的潜力同清教徒的潜力一样大，尽管它没有产生与资本主义类似的精神，但其所具有的超越政治的独立性，重视道德人格的自主自立，所含有的内在紧张感和活力，及其道德形而上学理想，等等，都与韦伯所说的清教伦理具有异曲同工之妙。从而把东亚社会塑造成具有特殊类型的社会——政治秩序的世界，真正完成由传统社会向现代社会的转变。

很显然，这种解释尽管再次强调了儒家伦理与新教伦理的区别，却又在相当程度上承认二者之间的相通与相同性。这不仅使人们想起早在明清之际中西文化开始接触不久中西学者之间的一般性看法，即儒学与基督教并不存在根本性的冲突和原则性的区别，尤其是早期儒学的基本精神与基督教文明别无二致。因此，从这个意义上说，儒家伦理能够开出现代化之花的说法，虽然有东亚社会经济发展的事实作为支持，但在理论上却又不可避免地暴露出一个致命的漏洞，即他们心目中的儒家伦理可能依然带有东方文化的色彩，但他们毕竟是站在“西方化”的立场上作出的“现代性的阐释”。

当然，我们不必过于认真地看待上述推论，更不会有谁真的相信儒家伦理与清教伦理的一致性。但是事实毕竟是，基督教文明开出了西方的现代化之花，而在儒家伦理光芒的照耀下，东亚的经济确实获得了相当的发展，其现代化也确实获得了初步的成功。那么，如何解释这些现象呢？

按照传统的现代化理论，现代化不是经济、政治、科学技术等层面进步与发展的单一进程。在某种程度上说，它的发生、发展与成功都不同程度地受制于进行现代化努力的该民族固有的文化传统。这种解释虽然到目前为止可以自圆其说，但无疑带有浓厚的文化传统决定论的味道。也就是说，即便那些相信儒家伦理造就了东亚奇迹的学者们在主观意图上是要修正韦伯对儒学的看法，然而他们在思想方法上却没有逃出韦伯所预设的理论陷阱，即思想传统从根本上左右着现代化的发展。人们都忽略了韦伯的理论预设只是基于一种假定性的前提，那便是他反复向读者强调的，他的那些“研究论文尽管简明扼要，却不想自诩对各种文化作了面面俱到的分析。相反，在每一种文化中，我们的研究论文都着意强调该文化区别于西方文明的那些因素。因而，这些论文被限定于只关心那些从这一观点来看对理解西方文化似乎颇具重要性的问题。从我们的目标上来考虑，任何其他步骤似乎都不可能。但是为了避免误解，我们在这里必须特别强调我们的目的的限制”。显而易见，韦伯的研究不是解释在一切文明类型中实现现代化的可能性，而是重点考察西方现代资本主义与西方文化传统之间的内在关联。

这样说，当然并不意味着彻底否认韦伯理论在思想史上的普遍意义，但由此我们想到的另外一个问题是，不是思想意识决定或左右历史发展的进程，而是社会现实对思想意识的变化起着根本性的决定作用。如果忽略了这一点，便极有可能沦为一种思想意识决定论或文化决定论。也就是说，如果立足于社会有机体的传统立场，我们不会否认政治、经济与文化传统之间存在着一种相互影响、相互制约或促进的内在关联。但现在的事实毕竟是，在任何一种思想传统背景下，都有可能开辟同一种或比较相近、比较相似的现代化。那么，从这个意义上说，思想传统与现代化之间的本质联系便不是我们过去所想象的那么多、那么大。

其实，一个社会的正常发展与进步，取决于多种因素。文化传统只是这诸多因素中的一种。如同思想的发展、变化并不完全依赖物质生产的情况而具有相对独立的发展规律一样，一个社会的政治、经济以及其他方面也完全有可能相对独立、相对自由的发展和变化。在一个最具有民主思想传统的国家或民族中，完全有可能在历史的某一阶段出现独裁者或非民主的政体；而在具有专制主义思想传统的东方社会中，专制君主可能并不是人们所想象的那样专横、那样独裁、那样不通人性。尤其是东方专制主义传统下的古典政治模式与政治结构，可能在某种程度上更合乎民主政治的一般要求，因为它毕竟强调最高皇权（象征性的）之下的权力制衡。事情的真相或许还是恩格斯在《路德维希·费尔巴哈和德国古典哲学的终结》中说的对，即“国家作为第一个支配人的意识形态力量出现在我们面前。社会创立一个机关来保卫自己的共同利益，免遭内部和外部的侵犯。这种机关就是国家政权。它刚一产生，对社会来说就是独立的，而且它越是成为某个阶级的机关，越是直接地实现这一阶级的统治，它就越加独立。被压迫阶级反对统治阶级的斗争必然要变成政治斗争，变成首先是反对这一阶级的政治统治的斗争。对这一政治斗争同它的经济基础的联系的认识，就日益模糊起来，并且完全消失。尽管在斗争参加者那里情况不完全是这样，但是在历史学家那里差不多总是这样的”。显而易见，人类历史的发展并不总是政治、经济与文化传统、思想意识形态纠缠在一起的。

2 儒家伦理在现代化过程中的作用

思想的发展具有相对的独立性，落后的德国不是也曾照样奏出进步的思想乐章吗？同样道理，社会的发展也具有相对的独立性，处在儒家思想传统统治下的东亚社会不是照样可以实现经济腾飞、实现现代化，足以对西方世界构成新的“挑战”吗？当然，这样说依然是根据一个假定性的前提，即儒家思想传统是一种落后的意识形态，与现代化之间存在根本性的滞碍。

杜维明在《新加坡的挑战》一书中说，儒家思想有两个方面需要清晰地加以区别，一面是政治化的儒家，另一面是儒家伦理。政治化的儒家就是政治权力高于社会，政治高于经济，官僚政治高于个人的创造性。这种形式的儒学，作为一种政治意识形态，必须加以彻底批判，才能释放一个国家的活力。另一面是儒家个人的伦理，它着重自我约束；超越自我中心，积极参与集体的福利、教育、个人的进步、工作伦理和共同的努力。所有这些价值，正是东方儒学文化圈实现现代化应该充分利用的智慧资源。

对儒家思想传统的这种分解自有其理论意义。但是，从一个历史工作者的眼光看，包括日本、韩国、新加坡等国家和中国香港、台湾地区在内的东亚社会的发展与进步，就很难说儒家伦理真的在这一过程中起过至关重要的作用。日本的“脱亚入欧”便在很大程度上可以说明儒家伦理并没有在日本的经济成长和现代化的过程中扮演过一个特别重要的角色。真实的情况可能相反，日本或许正是在一定程度上摆脱了儒家伦理的束缚才得以有了今天，故而人们更多地倾向于认为，今日的日本与其说是东方型的，莫不如归之于西方社会。即便在新加坡，对儒家伦理的主动提倡并不是在新加坡经济发展的早期甚或中期，而是当其经济成长已趋于成熟，现代化的模式已基本确立之际。当此时，官方主动提倡以儒家伦理来规范人们的行为，与其说是儒家伦理在新加坡现代化过程中起过积极作用，不如说是在经济发展之后如何培养每一个社会成员成为一个“好公民”，这已是人们所常说的“后工业社会”问题，并不足以此证明儒家伦理与现代化之间存在着必然的因果关系。

当然，这样说同样并不意味着否认儒家伦理在东亚社会转型期没有产生过丝毫作用，既然属于儒家文化圈，东亚社会的转型便不可能不在一定程度上受制于这个文化传统。问题在于东亚社会的转型毕竟是一个复杂的过程，既有国际机遇，也有社会内部的其他原因，如国内政治领袖的审时度势。因此我们倾向于认为，儒学在现代化过程的作用极为有限，东亚的成功并不足以证明儒学传统可以成为现代化的助力。如果没有国际格局的机缘巧合，没有政治领袖的英明决策，那么不论他们怎样鼓吹儒学的现代意义，其现代化的进程都不可能比已经见到的结果更好些。但是，东亚的成功对于儒学而言又确实具有重要意义，即儒学精神并不是一个凝固不变的东西。它随着社会的进步与发展，必然要不断地吸纳新内容，改变自身，以求生存。从这个意义上说，儒学对于现代化并不构成根本滞碍。但是很明显，不是儒学促进了现代化，而是儒学自身选择了现代化。

东亚在经济上的成功不足以证明儒家伦理的现代功能，更无法由此预见儒学具有“第三期发展”的所谓可能性。当我们仔细检讨这种观点的社会政治背景和论证过程时，我们便不难发现这种观点除了有助于中国社会克服意识形态的一元化，重建多元社会结构模式外，实在是一种倒果为因的模糊观念。也就是说，这种观念仅仅看到东亚现代化的成长有利于儒家心性之学的开展与发展，而并没有看到并不是儒家的心性之学推动了东亚现代化的进程与发展。

当然，如果把儒家文化仅仅定位在心性之学，一定会激起相当一部分学人的反对，他们至少可以像梁漱溟那样说，真正的儒家思想在中国历史上并没有真的发生过实际作用，两千年来的儒学实际上都是假儒学，而他们心目中的真儒学并非如此简单，而是别有一番深意在。真儒学既能够坚守孔子等早期儒者的基本信念，又能够容受近代以来西方的民主与科学。这种说法自有道理，但如此一来，儒家思想的学术定位既成为一种尚可继续探讨的学术问题，那么我们又怎么能信心十足地认定儒学必是现代化的推动力，儒学与现代化之间并不存在着根本性的滞碍呢？即便我们能够以归纳的方法、实证的手段找出许许多多儒家伦理并不排斥商人精神的事实，我们又如何解释中国两千年来的历史事实，特别是到了近代何以不能自发地走向现代化呢？更有一个问题是，我们又如何回应与消解五四新文化运动的主流派对儒家思想的质疑与责难呢？

事实上，儒家文化作为一个整体，它在历史上有一个相当复杂的演变和发展过程。孔子之儒不同于秦汉之儒，秦汉之儒有异于宋明之儒。即便是宋明之儒内部，也实在存在着许多的派别。凡此均为中国儒学史上的常识。问题在于，这些不同与差异，除了说明儒家文化并非铁板一块，无法而且根本不可能整体性的运用于现代社会实践之外，另外一个重要意义是儒学内部的这些差异与演变除了基于中国社会的实际需要这一事实外．恐怕更大程度上受制于非儒学派的影响和刺激。换言之，如果没有先秦以来非儒学派的影响与刺激，如果没有儒学内部思想异端的不断崛起与挑战，儒家思想即便依然会按照思想发展的内在规律发生着变化与更新，但我们有足够的理由相信，这些变化与更新决不会如我们已经看到的那样急剧和彻底。当然，这种假设既违背了历史事实，也不合乎思想发展的一般规律。但我们由此看到的一个真实情况是，非儒思想只是在一定程度上制约着儒家思想文化的发展与变化，然而也正是这种发展与变化，导致了非儒学派的思想贡献除了充当儒家思想的智慧之源的功能外，几乎可以说两千年来少有真正介入社会实践的机会。故而非儒学派的社会功能价值便不易从实证的角度进行评估。

儒家伦理观念与现代化之间存在着内在的紧张是一种本然事实，尤其是在现代化发展的起步与早期阶段，这种紧张只会加剧而不会舒缓。无论人们怎样以“九斤老太”的口吻抨击人心不古、道德沦丧，现代化的潮流一旦决口都不会因这些不疼不痒的批评而停止脚步。然而问题在于，现代化的诸多观念与实践毕竟都是外来之物，我们即便对它表示百分之一百的欢迎，也无法重提“全盘”之类的口号。更有甚者，作为一种外来之物，如果没有本土文化的调整与呼应，即便中国的现代化能够在物质层面取得些微的成绩，那么整个社会恐怕仍将显得并不协调、并不坦然。而且，从意识形态发展的一般规律看，天下没有历久不变的道理。儒家学说统治中国两千年，建立了一个稳定的前现代社会，我们又如何能指望它否定自我，步入现代呢？儒家学说不足以担当现代意识形态的重任，其根本原因也只在于此。然而于此我们得到的一个重要启示，那就是被前现代意识形态否定的那些非儒学说，既然不合乎前现代社会的需要，那么它是否能为现代社会提供某些智慧资源呢？毫无疑问，答案是肯定的。

就思想本质而言，非儒学派的那些思想见解确实不合乎前现代社会发展的需要，比如法家学说对宗法社会结构的拆解，墨家学说对等级社会的抗议，以及那些思想异端“非圣无法”的见解，在前现代社会理所当然地被遏制和唾弃。但是，当我们今天站在现代化的立场重观这些非儒学说时，我们便不能不承认这些学说与现代化之间存在着惊人的相似与类同。如果我们对这些非儒学说进行一番批判性的淘洗与重建，我们相信中国社会的现代化转化必将自然化解掉相当一部分不合时宜的阻力，中国社会文化与西方社会文化的内在紧张虽不能说自然消解，但必不至于那样冲突，因为它们二者之间毕竟存在许多内在的同构关系。故而我们在谈到中国传统文化与现代化之间的关联时，与其强调儒家伦理的现代性，不如对中国传统文化的内在结构进行一番解析，看看那些非儒学派的思想贡献是否更有价值。

参考书目

1. 蔡元培著《中国伦理学史》，见《蔡元培全集》，中华书局，1990。
2. 余英时著《士与中国文化》，上海人民出版社，1987。
3. 张岂之著《中国近代伦理思想史》，中华书局，1993。
4. 唐力行著《商人与中国近世社会》，浙江人民出版社，1993。
5. 马勇著《中国儒学》（第1卷），东方出版中心，1997。

《中国史话》总目录

系列名	序号	书名	作者
物质文明系列（10种）	1	农业科技史话	李根蟠
	2	水利史话	郭松义
	3	蚕桑丝绸史话	刘克祥
	4	棉麻纺织史话	刘克祥
	5	火器史话	王育成
	6	造纸史话	张大伟　曹江红
	7	印刷史话	罗仲辉
	8	矿冶史话	唐际根
	9	医学史话	朱建平　黄　健
	10	计量史话	关增建
物化历史系列（28种）	11	长江史话	卫家雄　华林甫
	12	黄河史话	辛德勇
	13	运河史话	付崇兰
	14	长城史话	叶小燕
	15	城市史话	付崇兰
	16	七大古都史话	李遇春　陈良伟
	17	民居建筑史话	白云翔
	18	宫殿建筑史话	杨鸿勋
	19	故宫史话	姜舜源
	20	园林史话	杨鸿勋
	21	圆明园史话	吴伯娅
	22	石窟寺史话	常　青
	23	古塔史话	刘祚臣
	24	寺观史话	陈可畏
	25	陵寝史话	刘庆柱　李毓芳
	26	敦煌史话	杨宝玉
	27	孔庙史话	曲英杰
	28	甲骨文史话	张利军
	29	金文史话	杜　勇　周宝宏

系列名	序号	书名	作者
物化历史系列（28种）	30	石器史话	李宗山
	31	石刻史话	赵　超
	32	古玉史话	卢兆荫
	33	青铜器史话	曹淑芹　殷玮璋
	34	简牍史话	王子今　赵宠亮
	35	陶瓷史话	谢端琚　马文宽
	36	玻璃器史话	安家瑶
	37	家具史话	李宗山
	38	文房四宝史话	李雪梅　安久亮
制度、名物与史事沿革系列（20种）	39	中国早期国家史话	王　和
	40	中华民族史话	陈琳国　陈　群
	41	官制史话	谢保成
	42	宰相史话	刘晖春
	43	监察史话	王　正
	44	科举史话	李尚英
	45	状元史话	宋元强
	46	学校史话	樊克政
	47	书院史话	樊克政
	48	赋役制度史话	徐东升
	49	军制史话	刘昭祥　王晓卫
	50	兵器史话	杨　毅　杨　泓
	51	名战史话	黄朴民
	52	屯田史话	张印栋
	53	商业史话	吴　慧
	54	货币史话	刘精诚　李祖德
	55	宫廷政治史话	任士英
	56	变法史话	王子今
	57	和亲史话	宋　超
	58	海疆开发史话	安　京

系列名	序号	书名	作者
交通与交流系列（13种）	59	丝绸之路史话	孟凡人
	60	海上丝路史话	杜　瑜
	61	漕运史话	江太新　苏金玉
	62	驿道史话	王子今
	63	旅行史话	黄石林
	64	航海史话	王　杰　李宝民　王　莉
	65	交通工具史话	郑若葵
	66	中西交流史话	张国刚
	67	满汉文化交流史话	定宜庄
	68	汉藏文化交流史话	刘　忠
	69	蒙藏文化交流史话	丁守璞　杨恩洪
	70	中日文化交流史话	冯佐哲
	71	中国阿拉伯文化交流史话	宋　岘
思想学术系列（21种）	72	文明起源史话	杜金鹏　焦天龙
	73	汉字史话	郭小武
	74	天文学史话	冯　时
	75	地理学史话	杜　瑜
	76	儒家史话	孙开泰
	77	法家史话	孙开泰
	78	兵家史话	王晓卫
	79	玄学史话	张齐明
	80	道教史话	王　卡
	81	佛教史话	魏道儒
	82	中国基督教史话	王美秀
	83	民间信仰史话	侯　杰
	84	训诂学史话	周信炎
	85	帛书史话	陈松长
	86	四书五经史话	黄鸿春

系列名	序号	书名	作者
思想学术系列（21种）	87	史学史话	谢保成
	88	哲学史话	谷　方
	89	方志史话	卫家雄
	90	考古学史话	朱乃诚
	91	物理学史话	王　冰
	92	地图史话	朱玲玲
文学艺术系列（8种）	93	书法史话	朱守道
	94	绘画史话	李福顺
	95	诗歌史话	陶文鹏
	96	散文史话	郑永晓
	97	音韵史话	张惠英
	98	戏曲史话	王卫民
	99	小说史话	周中明　吴家荣
	100	杂技史话	崔乐泉
社会风俗系列（13种）	101	宗族史话	冯尔康　阎爱民
	102	家庭史话	张国刚
	103	婚姻史话	张　涛　项永琴
	104	礼俗史话	王贵民
	105	节俗史话	韩养民　郭兴文
	106	饮食史话	王仁湘
	107	饮茶史话	王仁湘　杨焕新
	108	饮酒史话	袁立泽
	109	服饰史话	赵连赏
	110	体育史话	崔乐泉
	111	养生史话	罗时铭
	112	收藏史话	李雪梅
	113	丧葬史话	张捷夫

系列名	序号	书名	作者
近代政治史系列（28种）	114	鸦片战争史话	朱谐汉
	115	太平天国史话	张远鹏
	116	洋务运动史话	丁贤俊
	117	甲午战争史话	寇　伟
	118	戊戌维新运动史话	刘悦斌
	119	义和团史话	卞修跃
	120	辛亥革命史话	张海鹏　邓红洲
	121	五四运动史话	常丕军
	122	北洋政府史话	潘　荣　魏又行
	123	国民政府史话	郑则民
	124	十年内战史话	贾　维
	125	中华苏维埃史话	杨丽琼　刘　强
	126	西安事变史话	李义彬
	127	抗日战争史话	荣维木
	128	陕甘宁边区政府史话	刘东社　刘全娥
	129	解放战争史话	朱宗震　汪朝光
	130	革命根据地史话	马洪武　王明生
	131	中国人民解放军史话	荣维木
	132	宪政史话	徐辉琪　付建成
	133	工人运动史话	唐玉良　高爱娣
	134	农民运动史话	方之光　龚　云
	135	青年运动史话	郭贵儒
	136	妇女运动史话	刘　红　刘光永
	137	土地改革史话	董志凯　陈廷煊
	138	买办史话	潘君祥　顾柏荣
	139	四大家族史话	江绍贞
	140	汪伪政权史话	闻少华
	141	伪满洲国史话	齐福霖

系列名	序号	书名	作者
近代经济生活系列（17种）	142	人口史话	姜　涛
	143	禁烟史话	王宏斌
	144	海关史话	陈霞飞　蔡渭洲
	145	铁路史话	龚　云
	146	矿业史话	纪　辛
	147	航运史话	张后铨
	148	邮政史话	修晓波
	149	金融史话	陈争平
	150	通货膨胀史话	郑起东
	151	外债史话	陈争平
	152	商会史话	虞和平
	153	农业改进史话	章　楷
	154	民族工业发展史话	徐建生
	155	灾荒史话	刘仰东　夏明方
	156	流民史话	池子华
	157	秘密社会史话	刘才赋
	158	旗人史话	刘小萌
近代中外关系系列（13种）	159	西洋器物传入中国史话	隋元芬
	160	中外不平等条约史话	李育民
	161	开埠史话	杜　语
	162	教案史话	夏春涛
	163	中英关系史话	孙　庆
	164	中法关系史话	葛夫平
	165	中德关系史话	杜继东
	166	中日关系史话	王建朗
	167	中美关系史话	陶文钊
	168	中俄关系史话	薛衔天
	169	中苏关系史话	黄纪莲
	170	华侨史话	陈　民　任贵祥
	171	华工史话	董丛林

系列名	序号	书名	作者
近代精神文化系列（18种）	172	政治思想史话	朱志敏
	173	伦理道德史话	马　勇
	174	启蒙思潮史话	彭平一
	175	三民主义史话	贺　渊
	176	社会主义思潮史话	张　武　张艳国　喻承久
	177	无政府主义思潮史话	汤庭芬
	178	教育史话	朱从兵
	179	大学史话	金以林
	180	留学史话	刘志强　张学继
	181	法制史话	李　力
	182	报刊史话	李仲明
	183	出版史话	刘俐娜
	184	科学技术史话	姜　超
	185	翻译史话	王晓丹
	186	美术史话	龚产兴
	187	音乐史话	梁茂春
	188	电影史话	孙立峰
	189	话剧史话	梁淑安
近代区域文化系列（11种）	190	北京史话	果鸿孝
	191	上海史话	马学强　宋钻友
	192	天津史话	罗澍伟
	193	广州史话	张　苹　张　磊
	194	武汉史话	皮明庥　郑自来
	195	重庆史话	隗瀛涛　沈松平
	196	新疆史话	王建民
	197	西藏史话	徐志民
	198	香港史话	刘蜀永
	199	澳门史话	邓开颂　陆晓敏　杨仁飞
	200	台湾史话	程朝云

《中国史话》主要编辑出版发行人

总 策 划	谢寿光	王　正	
执行策划	杨　群	徐思彦	宋月华
	梁艳玲	刘晖春	张国春
统　　筹	黄　丹	宋淑洁	
设计总监	孙元明		
市场推广	蔡继辉	刘德顺	李丽丽
责任印制	岳　阳		